哈佛给青少年做的

268个

瑾瑜 编著

情商游戏

🏆 做完美性格的你

古吴轩出版社

图书在版编目（CIP）数据

哈佛给青少年做的268个情商游戏：做完美性格的你／
瑾瑜编著．—苏州：古吴轩出版社，2013.8
　　ISBN 978-7-5546-0124-2

　　Ⅰ.①哈…　Ⅱ.①瑾…　Ⅲ.①情商—青年读物②情商
—少年读物　Ⅳ.① B842.6-49

中国版本图书馆 CIP 数据核字 (2013) 第 162342 号

责任编辑：王　琦
见习编辑：陆九渊
策　　划：王　超
装帧设计：艺海晴空

书　　名：哈佛给青少年做的268个情商游戏：做完美性格的你
编　　著：瑾　瑜
出版发行：古吴轩出版社
　　　　　地址：苏州市十梓街458号　　　邮编：215006
　　　　　Http://www.guwuxuancbs.com E-mail：gwxcbs@126.com
　　　　　电话：0512-65233679　　　　　传真：0512-65220750
经　　销：新华书店
印　　刷：北京蓝空印刷厂
开　　本：710×1000　1/16
印　　张：22.5
版　　次：2013年8月第1版　第1次印刷
书　　号：ISBN 978-7-5546-0124-2
定　　价：32.80元

如发现印装质量问题，影响阅读，请与印刷厂联系调换。010-61531406

性格决定命运，而情商决定性格。

为什么别人朋友很多，而你的朋友很少？为什么别人每天都开开心心，你却总是愁容满面？你是不是常常管不住自己的情绪？你是如何应对挫折和意外的？你是一个人见人爱的人，还是与周围水火不容的人？为什么别人总能当上班干部，而你却总是无缘当上团队的领导？

这一切，都与情商有关。

所谓情商，就是一个人在情感、情绪、意志等方面的掌控能力。拥有高情商，我们才能掌控自己的情绪；拥有高情商，我们才能纠正自己的性格弱点；拥有高情商，我们的人际关系才能顺通……

进入21世纪以来，全世界的教育学家都开始强调情商的重要性。越来越多的实例证明：那些智力有余，情商不足的青少年，显然在成年之后不能够更好地适应这个社会。由此可见，从青少年时期就开始进行情商的培养尤为重要！

伟大的北宋诗人苏轼曾经说过："人之难知，江海不足以喻其深，山谷不足以配其险，浮云不足以比其变。"这句话说的是了解他人有多么的困难。其实，不仅是了解他人非常困难，对自己有一个非常清醒的认知也是非常困难的。

所以，单纯的大道理，已经完全不适合如今的青少年了。通过游戏进行自我调整，通过游戏进行情商提升，这远比父母的唠叨、老师的训斥更有效果。事实上也的确如此。"寓教于乐"，相信这个词我们都非常熟悉，也正因为如此，《哈佛给青少年做的268个情商游戏：做完美性格的你》才会隆重上市。它能帮助青少年在游戏之中，更好地了解自我，了解他人，从而达到全面提高自己情商的目的！

在本书中，我们列举了268个哈佛大学所提倡的情商游戏，按照自我、他人、沟通这三个层次，通过一个个简单有趣的心理测试题，帮助青少年在阅读本书的过程中了解到自己的情商现状，并可据此采取一系列的培养方案。

contents 目录

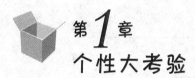

第 1 章
个性大考验

正是因为每个人性格上的差异，我们才会感受到与身边其他人的显著差别。我们经常看到有些人看上去沉默寡言，一天也不说一句话，而有些人一打开话匣子则没完没了；有些人能与周围的人打成一片，有些人则独来独往我行我素……这些差别实际上与性格有着千丝万缕的联系。那么，你的性格是什么样的呢？赶紧来进行一次个性大考验吧。

第2章
甩掉情绪包袱

考试中遇到难题时，有的人会冷静地思考解决的办法；而有的人发觉自己不会做之后，就开始无比紧张，结果什么也没有想出来。其实，这都是你的情绪在作怪。你是属于冷静型呢，还是紧张型呢？

第3章
不被冲动迷了眼

每个人都有冲动难忍的一刻。心理学家说，因愤怒而冲动的一刻，智商为零。因此，在这种负面情绪的影响下，我们经常会做出一些自己原本并不想做的事情，可等冷静下来时，我们就会陷入无尽的懊恼之中。你是一个容易冲动的人吗？赶快进入本章来测试一下吧。

第4章
走出挫折的迷宫

人生之路从来都不是一帆风顺的，总是不可避免地会遇到一些绊脚石。既然我们没有办法避开它们，为什么不选择坦然面对呢？想要走出挫折的迷宫，既要有顽强的毅力，又要有十足的勇气，你能做到吗？

第5章
相信自己，加油

俗话说："世界上最难对付的敌人就是自己。"当我们连自己都可以战胜时，就没有什么能够阻挡住我们前进的脚步了。无论面对什么困境，只要相信自己，我们就不可能会被这种暂时的失败所压倒。相信自己，你可以！

第6章
自我激励，自我释压，
为自己打气

每个人的身上都会有优点，只要我们将其
发掘出来，就可以汇聚成为一股强大的力量，
而这种力量足以帮助我们战胜任何困难。失败
了，受挫了，不要失落，不要气馁，拍拍身上
的泥土继续前进，你永远是最棒的！

第**7**章
学会理解他人

理解是一种巨大的力量。当一个人犯错误时，理解他人，我们就可以化干戈为玉帛。学习宽容别人，多站在别人的角度去思考问题，对我们来说也是一种别样的风景。

第8章
快乐随心变

拥有快乐，我们会拥有一个好心情；拥有快乐，我们的人生也会变得丰富多彩。一个快乐的人，他的生活是充实的；一个快乐的人，他会学着给自己找更多的快乐。既然快乐这么重要，那么，你快乐吗？

第**9**章
洞察了解他人

敏锐的洞察力，可以帮助我们透过事物的现象看到本质；敏锐的洞察力，可以帮助我们去伪存真，拨开云雾见月明。在人际交往中，这种洞察能力会显得尤为重要。你是不是一个拥有敏锐洞察力的人呢？赶快进行下面的测验吧。

第10章
做个社交小能手

我们的生活离不开社交。在学校我们需要和老师、同学交往，在家我们需要和父母交往，可以说人与人是在交往中建立起和谐关系的。良好的社交能力不仅可以帮助我们建立良好的人脉，而且对我们的学习和生活也是大有裨益。那么，你是不是一个社交小能手呢？

第11章
与他人合作，体验共同努力的成果

随着社会的发展，我们越来越需要重视与他人合作去做一件事情。所谓孤掌难鸣，团结的力量是巨大的。对于青少年来说，更应该从小就注意培养团队精神，树立共同努力的意识。通过本章的测试，我们可以学会如何有效地与别人进行合作。

第12章
超强的情绪感染力

情绪是会传染的。在说服别人的时候，我们通常习惯营造一种氛围来影响他人。要想达到一个好的效果，缺乏情绪感染力显然是不行的。对于你来说，你的情绪足以感染到别人吗？你又容易受到别人情绪的影响吗？

EQ

个性大考验

正是因为每个人性格上的差异，我们才会感受到与身边其他人的显著差别。我们经常看到有些人看上去沉默寡言，一天也不说一句话，而有些人一打开话匣子则没完没了；有些人能与周围的人打成一片，有些人则独来独往我行我素……这些差别实际上与性格有着千丝万缕的联系。那么，你的性格是什么样的呢？赶紧来进行一次个性大考验吧。

你是不善言辞的内向型
还是活泼开朗的外向型?

有活泼开朗、热情大方的人,也有性格沉闷、不善言辞的人。每个人都有自己独特的性格。但总体来说,人的性格可以分为内向型和外向型两种。你属于哪种性格呢?

以下题目有三种答案,分别是 A. 符合,B. 难以回答,C. 不符合。

(1) 读书速度较慢,以完全看懂为目的。

(2) 做事快,但比较粗糙。

(3) 常常试图分析研究自己。

(4) 在人多的场合你不希望引人注意。

(5) 生气时一定要把怒气发泄出来。

(6) 待人接物很小心。

(7) 不喜欢写日记。

(8) 常猜疑别人。

(9) 不敢在众人面前发表演说。

(10) 与理念不同的人也能友好交往。

(11) 能够扮演好小领导的角色。

(12) 不拘小节。

(13) 受表扬后你会更努力。

(14) 常常回忆过去。

(15) 认为脚踏实地地做事情比纸上谈兵更重要。

(16) 常会一个人想入非非。

(17) 喜欢变换学习课程。

(18) 希望过平静、轻松的生活。

(19) 从不考虑自己几年后的事情。

(20) 不善于结交朋友。

(21) 三思而后行是你的作风。

(22) 花钱时从不精打细算。

（23）在意见和观点方面比较善变。

（24）喜欢参加集体娱乐活动。

（25）不怕应付棘手的事。

（26）始终保持乐观。

（27）独立思考回答问题。

（28）不轻易相信陌生人。

（29）有话藏不住，总想对人说。

（30）从不主动订学习计划。

（31）讨厌在学习时旁人观看。

（32）注意交通安全。

（33）交谈时，你总是说话多的一方。

（34）你常感到自卑感。

（35）不注意自己服装是否整洁。

（36）关心别人对你的看法。

（37）喜欢独自一人在房内休息。

（38）你的口头表达能力还不错。

（39）房间里杂乱无章，你就无法静下心来。

（40）遇到不懂的问题你就去问别人。

（41）旁边若有人说话声比较大，你就无法静心来学习。

（42）你是一个沉默寡言的人。

（43）你很留心同伴的学习成绩。

（44）同陌生人打交道是件为难的事。

（45）你的情绪容易波动。

（46）常过高估计自己的能力。

（47）买东西时，你常常犹豫不决。

（48）比起郊游和跳舞来，你更喜欢看小说和电影。

（49）你能很快适应新环境。

（50）你很难忘却以前的挫败。

评分标准：

选A得0分，选B得1分，选C得2分。

心理分析：

性格指数分析：0—19分，内向型；20—39分，偏内向型；40—59分，混合型；60—79分，偏外向型；80—100分，外向型。

情 商 提 点

　　凡事都有两面性。性格有内向、外向之分，有张扬、内敛之分，有积极、消极之分，有大胆、谨慎之分，等等。外向型的人在人际交往方面较内向型的人更受欢迎，但这不代表内向型的人就没有优势和优点。大量事实证明，大部分成功者都表现为内向型性格。

　　所以，内向与外向，没有绝对的好，也没有绝对的坏，一切都是相对的，青少年更要认清这一事实。做一个高情商的人就应当能自如地在两种性格中转换，将自己调整到最佳状态：该外向时，大胆而张扬地表现；该内向时，就保持谨慎与内敛。

你知道自己有什么样的性格缺陷吗？

　　骄傲者背后很可能隐藏着自卑，谦逊者背后也许潜伏着懦弱。你知道隐藏在你性格背后的缺陷吗？

　　你开了一家小吃店，在你的妥善经营下，小吃店五年来一直生意兴隆。可这时，隔壁巷子也开了一家小吃店，而且对方采取了低价策略，严重影响了你的生意。在这种情况下，你该怎么做呢？

　　A.迅速投入到低价战中

　　B.想办法研发新口味

　　C.静心观察

　　D.决定转行

心理分析：

　　A.你属于比较自我的人，一般情况下，不会对身边的人或事表现出太大的热情。

　　B.在残酷的现实面前，你喜欢选择逃避。比如，当你面对极具挑战性的任务时，你会极其反感。虽然表面上你不会反驳或拒绝，但你也不愿意想办法解决或面对，最后只好来个逃之夭夭，宁可做个缩头乌龟。

C.你经常为自己所做的事找借口。在遇到问题时，你总说是被人所害，或把责任都推到别人身上，然后扮演无辜受害者的角色。但你不要忘了，事情总会水落石出的，长期推诿就是自掘坟墓，你的真面目迟早会被拆穿，还是赶快学着当一个负责任的人吧。

D.你是那种喜欢背地里占便宜的小气鬼，总是想方设法占别人点小便宜。这种心理根源于你内心深处的好胜心，认为只有自己多得一点小利益才对得起自己。

情商提点

在这个世界上，任何人都不可能十全十美，每个人的身上都有一些特征不被别人喜欢，这很正常。但问题是：你知道自己身上有哪些缺陷吗？你又该如何去面对和改正它呢？其实，你不需要刻意隐瞒，更不要不敢承认，这没什么难堪和丢脸的。在找到你自身的缺陷之后，直面它，正视它，然后去克服、改正。

3 熬夜习惯也能检测你的性格

你经常熬夜吗？熬夜时你有怎样的习惯呢？别小看这些习惯，它可是会暴露你的性格特点的哦！如果你想更加了解自己，那就做一做下面的测试吧。

再过几天，就到升学考试了，因此你拼命熬夜看书。这天晚上，你决定取消和"周公"的约会，可睡魔不断骚扰。这时候，你会如何克服强烈的睡意呢？

A.定好闹铃，先小睡一会儿，然后继续看书
B.边听音乐边看书
C.用泡面、零食补足精神

心理分析：

A.你经常走极端，有时候会完全缴械投降，有时候会加足马力拼搏到底。不过，你很乐观和自信，这让你拥有成功的可能。

B.不管发生怎样的事，你总能以乐观、单纯的态度来面对。这种性格让你十分不适应复杂的人际关系，很讨厌同学或朋友之间的钩心斗角。其实，你大可不必烦恼，做好你自己，认定你的目标，做好自己的事就好。

C.你有很强的适应能力，不管在哪里，都能很快适应其中。你还有着高人一等的判断力，知道自己要什么。

情 商 提 点

虽然说，为了自己的目标而奋力拼搏并没有错，但正处于青少年的你可不要熬夜太多哦！其实，在成长的道路上，我们会遇到很多选择和挑战，你只要坚定自己的目标，把握一个大方向，积极适应新环境，积极应对层出不穷的困难，再加上自己的努力，你一定就能达成目标，实现愿望。

4 你是怎么打喷嚏的？

你是雷厉风行、做事麻利果断的人，还是优柔寡断、难以下决断的人呢？其实，从你打喷嚏的方式中，就能判断出你的性格。那么，你打喷嚏的方式究竟是什么样的呢？

A.打喷嚏声音响而有力

B.打喷嚏声音极大，一连打好几个

C.打喷嚏时礼貌、优雅，声音适中，会用纸巾礼貌地捂住嘴，以免秽物喷出或声音太大

D.因为害怕打扰别人而努力放低打喷嚏的声音，甚至把喷嚏憋回去

心理分析：

A.热心型。这一类型的人具有超凡的领导力，经常能提出独具匠心的创意，且善于洞察，能够鼓舞和激发他人的斗志，重视人际关系，独立，口才好，随时准备迎接新的挑战。

B.直接型。这类人做事麻利果断，对别人要求很高。他们十分独立，不想依赖任何人，最有可能成为领导者。因为个性好强，所以他们做事效率也很高，性格上也爱憎分明。

C.优雅型。这类人通常十分热情、友好，在生活中力求和谐中庸、与人为善，忠诚、冷静，值得信赖，喜欢帮助别人。

D.谨慎型。这类人心很细，喜欢思考，尽职尽责，做什么事情都习惯三思而后行。但性格中有一些保守成分，比如尽管心中有一些想法也不会急于说出来。他们还喜欢阅读，认为这可以进一步增进他们的思考。

情商提点

对于青少年来说，过于优柔寡断或过于武断都不利于良好性格的形成。优柔寡断主要是因为你的依赖性太强，平时总是寻求父母或他人作依靠，一旦要自己做选择时，就容易陷入不知所措的局面。过于武断的人一般性情急躁，因此常作出让自己后悔的决定。了解自己的性格，有针对性地改善，才能让自己愈发成熟。

5 给你的性格涂涂颜色

每个人都有属于自己的颜色，这些颜色附在性格、情绪、思想等各方面，甚至渗透在你的潜意识中。那么，你的性格是什么颜色呢？快来测一测吧！

你和一群朋友去森林探险，中途遇到一场大雾。大雾散去后，你发现朋友不见了，只剩你一个人在林子里。就在你恐惧、失望时，一位仙女出现了。她说："你可以从我手中的魔法物品里选出一件陪伴你渡过难关。"这时，你会选择哪一件？

A.山楂

B.哨子

C.铜镜

D.水晶石

E.金苹果

F.树种

G.南瓜花

心理分析：

A.红色性格。你有很强的支配欲，对事情抱有极大的热情，朋友聚会或是集体活动，只要有你在场，气氛便会非常活跃。但你容易冲动，喜怒无常，情绪变化快。其实你不必事事争强好胜，适当放慢自己的步调，你才会更开心。

B.蓝色性格。你有很强的处世能力，性格内敛，能很好地控制自己的情绪。你总是知道自己下一步要做什么，该怎么去做，并且能够坚持不懈。然而，你总是难掩内心的忧伤。在你幽默风趣的外表之下，其实隐藏着一颗孤独而无助的心。

C.白色性格。你为人低调，内敛，但有着引人注目的才华，并时常赢得他人的赞赏。同时，你思想单纯，善解人意，顾全大局，能理性、客观地看待问题，因此深得绝大多数朋友的喜欢。但美中不足的就是生活中少了一些激情，少了一点爆发力。

D.紫色性格。像这个颜色一样，你身上具有谜一样的气质，让人捉摸不透。你对那些超自然现象、古老的传说特别感兴趣，你对一切凄美动人的爱情故事感到好奇，为此，你的情绪时而低落，时而兴奋。充满幻想的你还是立足于现实，去发现生活中存在的美丽吧！

E.黄色性格。你拥有阳光气质，是朋友眼中的小太阳。你积极乐观，常为大家带来快乐，但你也有忧伤的时候。你口才不错，是个狡辩高手，但内心有太多的抱怨与焦虑情绪，这些特质集中在黄色性格的身上，既惹人喜爱，又让人怜爱。

F.你属于绿色性格。你是一个心胸开阔、慷慨大方的人。你喜欢以照顾他人的方法去接近你喜欢的对象，无论是生活起居、饮食习惯都是如此。被照顾的人会觉得你像个哥哥或姐姐，很亲切，但时间一长，就会觉得你的控制欲很强，非常自我。你具有强烈的伙伴意识与平衡感觉，在团队或组织内能起到润滑剂的作用。

G.橘色性格。你有敏锐的第六感，因此总能将自己最真实的想法及感受恰如其分地表达出来。对理想或信仰的坚持不懈能给你带来许多成功的喜悦。但你思维过于活跃，又使你显得有些不安分，常会为享受刺激而给自己带来麻烦。

  任何一种性格都有其优势与劣势，你无须为迎合别人刻意地改变自己，只要充分发挥出你自己的优势即可。

 你有怎样的性格障碍？

  正处于青少年时期的我们，考试占据了我们生活的一大部分，我们常常为一次考试做很多准备，希望能在考试中取得好成绩。那么，随着考试日期的临近，想象一下，你最害怕出现什么状况？

A.考卷上出现从没见过的考题

B.在考场上被考官怀疑作弊

C.发生意外，使你无法赴考

D. 虽然遇到的题目都似曾相识，但无论如何都记不起正确答案

心理分析：

A. 你最大的弱点就是自信心不足。其实在遇到困难时，你不是没有自己的想法，而是总需要别人来确定你想法的正确性，总认为别人的话才是真理。一旦发表意见的人太多，你就会像墙头草一样摇摆不定。可你有没有想过，万一有人不安好心的话，你就可能会被陷害。所以，希望你能坚定自己的信念，因为最了解你的人就是你自己。

B. 消极悲观是你最大的弱点。一件事情在还没做之前，你就已经认定成功的几率不是很大，这种自我设限只会使你能力的发挥受到限制。所以，你最好能把心放宽，努力做好眼前的事，在心里多给自己一些成功的暗示。

C. 爱钻牛角尖、勇气不足是你的弱点。你有些固执，思考问题时比较片面，很少能全盘去衡量。面临抉择时，你常常手足无措，犹豫不决。建议你多参考一下别人的意见，全方位考虑问题，同时也应增强自己的应变能力和决策能力。

D. 你的弱点是不能摆脱过去的阴影。你把"过去"的经验当成判断事情的标准。其实，不要把以前的得失看得太重，要知道一切都在变化，过去的就让它过去。你还容易紧张，在集体里不大喜欢被人注意，因为你总担心自己表现不佳。所以，你应该尝试着改变一下这种态度，锻炼一下自己处理事情的能力。

情 商 提 点

自信和勇气常常是绑在一起的，这二者往往决定着你能否成功。自信者不会被过去的失败打倒，他们总能重新振作起来，然后投入到新的战斗中。让我们去做一个勇敢的战斗者吧！

⑦ 从电脑屏保看性格

随着信息技术的普及，电脑开始走进我们每一个普通家庭。对青少年来说，我们可以从互联网上获取我们需要的信息，既快捷又方便。但殊不知，电脑对于我们来说还是一个心理测试工具，不同的电脑屏保，就可以折射出不同人的性格特点。

你的电脑屏保是什么呢？

A. 不设屏保

B. Windows原版配套系列

C. 自己亲近人的照片

D. 恐怖型

E. 俊男靓女型

F. 可爱的动物

G. 秀丽的风景

H. 卡通型

I. 搞怪型

心理分析：

A. 你做事情从来都是漫无目的，不会去制定一个好的计划；同时，你缺乏自我保护意识，常常会把很多事情都想象得非常美好。

B. 你在生活中是一个不拘小节的人，对很多情况都不很了解。有的时候不喜欢改变，不喜欢冒险，在学习中会非常努力，但欠缺一点想象力。

C. 你的自我意识很强，有时难免会给人"地球都应该围着你转"的感觉。但你在学习中往往是非常投入的。

D. 你是一个十分缺乏安全感的人，没有知心朋友。你可以多和朋友们来说说自己的心事，不要让内心的压力太大，否则内心积郁过度，是很容易出问题的。

E. 你的心理年龄还不太成熟，也很容易在学习中投入热情，但情绪常常大起大落。

F. 你非常容易与别人发生冲突，可是如果你加大注意的话，一切都会朝着良性发展。

G. 你在朋友当中非常有人缘，可以很好地解决一些身边的冲突。

H. 你是一个比较念旧的人，拒绝成长，容易受到别人评价的影响，经常会冒出一些非常有创意的想法。而且你个性随和，很容易与他人相处。

I. 你的人缘不太好，经常不按规则行事，常常挑起事端，希望你在和别人交往时能够真诚相待，不要使用太多的心计。

情 商 提 点

青少年时期正是我们性格塑造的关键时期，只有全方位地了解了自己性格的优缺点，对自己有一个比较清醒的认识，我们才可以扬长补短。

在与同学的交往中，我们应该注意一下自己的性格缺陷。只有真诚地对待别人，别人才可能会真诚地对待我们自己。

8 不同的人会怎么过他们的节假日

不同的人有不同的过节方式。尤其是青少年，在摆脱了沉重的学业压力后，在轻松的节假日里，他们会展露出更真实的自己。那么，你会怎样度过你的假期呢？

(1) 在忙碌了一星期之后，终于迎来了周末，你有什么打算呢？

A.好好放松一下自己，适当改善一下生活

B.去一个有趣的地方玩一下

C.去干自己一直想干的事情

(2) 你想去旅游，如果经济不是问题的话，那么下面三个旅游地点，你会去哪儿？

A.九寨沟或神农架

B.上海

C.北戴河

(3) 如果你是准备去一些游乐场所，你喜欢与谁一起去？

A.家人

B.好朋友

C.独自一人

(4) 什么事情可以影响到你外出度假时的心情？

A.还有一些功课没有做完

B.天气一直不好，所以无法欣赏到一些美景

C.住的地方太吵了，没有休息好

(5) 在乘坐交通工具时你会怎么打发时间？

A.远眺，遐想

B.阅读书籍或者杂志

C.与身边的乘客聊天

(6) 如果一天你只能安排一种活动，你会选择哪一种？

A.买一些当地的土特产

B.可以和新朋友去四处逛逛

C.去看瀑布

(7) 看到人们虔诚地向许愿池里投硬币许愿，你的想法是什么？

A.没有什么意义，看一下就走了

B.自己并不介意

C.很有意思，我也要投一个看下

（8）在旅游胜地，你会如何安排午餐？

A.乘坐小船到风味小吃部

B.到比较正规的餐馆用餐

C.自备食品

（9）在旅游景点拍照留念时，你会选择什么作为背影？

A.一整面的红杏墙

B.湖畔翠柳

C.蓝蓝的天空

（10）你错过了返程的车，只能在深山脚下的一个小茅屋里过夜，这时候你的心理状态是什么？

A.辗转反侧，一直在担心着各种事情

B.非常开心，觉得这是很别样的一次经历

C.反正无法回去，那就好好度过这一夜吧

得分表

题号　　　　　　选项得分	A项得分	B项得分	C项得分
（1）	1	3	5
（2）	1	3	5
（3）	1	3	5
（4）	3	5	1
（5）	3	5	1
（6）	3	5	1
（7）	5	1	3
（8）	5	1	3
（9）	5	1	3
（10）	5	1	3

心理分析：

总得分在10—18分之间：

你的心胸非常豁达，在待人接物上既严肃又富有情感。同时，你喜欢有规律的学习和生活。你是一个做事胸有成竹的现实主义者，成功的几率是非常大的。

总得分在19—39分之间：

你才思敏捷，易于接受新鲜事物，在学习中非常富有创新精神。你是一个理想主义者，可是难免会有一些不切实际的幻想。

总得分在40—50分之间：

你是一个非常具有上进心的人，喜欢那些具有挑战性的事情，从来不会安逸地享乐。你属于开拓型的人，不会轻易满足，是一个不知疲倦的"拼命三郎"。不过一定要学会放松，以免影响到身体健康。

情 商 提 点

在假期放松的状态中，往往最能够反映出我们最真实的生活和学习的状态。对于那些在平时就比较努力的同学来说，我们需要学会自我调节，劳逸结合；对于那些平时非常喜欢创新的同学来说，又需要多考虑一下实际情况，立足实际；对于那些平时就比较喜欢有规律生活的人来说，则需要我们好好设定一个目标，朝着目标不断地努力。

9 六张图测试你的性格

每个人拥有不同的性格，这就会导致产生不同的喜欢事物。而通过下面的这六张图，你就能发现自己的性格所在：

心理分析:

1.你天性喜欢自由自在,享受现在的生活,从不杞人忧天。同时,你很讨厌束缚,并且总会感到生活给自己带来惊喜。

2.你非常独立,喜欢艺术,有钻研精神。随波逐流是你最鄙视的行为。

3.你善于自省。你总是感到自己存在一些问题,和同学相比还有很大的进步空间。同时,你有时候会有些孤独,讨厌表面化及肤浅的东西。

4.你作风务实,从来不浮夸,所以无论同学还是老师都很信任你,对你的稳重赞美有加。

5.你对自己的生活很有想法,相信自己可以通过努力得到想要的东西。而你在未成功之时,也绝不会善罢甘休。

6.你性格温和,对现状比较满意,不过处事谨慎,所以有时显得有些魄力不足。

情 商 提 点

无论你是哪一种性格的孩子,在身上都能发现相应的优点。我们应将性格里积极的一面大为发挥,同时避免走上极端的道路。这样,我们的进步才能更加明显。

10 你在家里排行第几?

美国心理学教授菲利·维里与德国医生克尼格进行过一项调查,发现很多子女在家里的地位不一样,这也影响到了他们的性格,尤其是对于那些家里有3个孩子的家庭,排行不同,性格也不同。那么,你在家中排行第几呢?

A.排行最长

B.排行中间

C.排行最小

心理分析:

A.你老实且勤奋,可能会比较习惯关心他人。你在学校成绩优良,而且也比较擅

长替父母排忧解难。出现问题时，你也会比较冷静地处理问题。

B.你是非常容易早熟的人，容易形成自由散漫的生活作风，从而给人留下一些不太好的印象。你的性格是非常开朗的，也容易和身边的人和睦相处。兴趣广泛的你，对于那些别人做不到的事情，你常常能够做得很好，可是你难免会有一些抵触情绪。

C.你的感情非常丰富，对父母与兄长一往情深。虽然你不擅长和别人交往，但是你注重友谊，尤其是那些你童年时期就结下的友谊。

情 商 提 点

家庭环境对我们性格的塑造有着至关重要的作用。从青少年在家里的排行，我们可以预测出他们的一些性格特点，这就是先天因素的影响。不管我们是独生子女还是有很多兄弟姐妹，都应该和家庭成员和睦相处，从他们身上吸取优点，在良好家庭的熏陶下，培养一个积极的性格。

11 你在镜子里面看到了什么？

想要认清自己，这是一件很难的事。不过，有很多有意思的事情，都能帮助我们发现内心的秘密，例如镜子。下面，就让我们来测试一下吧。

早晨你来到公园散步，前方出现了一个小屋子，你走进去之后发现里面有很多镜子，而通过镜子，你会看到：

A.远处有几个游客

B.周围有许多人

C.只有自己的影子

D.远处有许多游客

心理分析：

A.你自我意识较弱，所以比较容易受到别人的影响。

B.你是一个没有自我意识的人，很害怕独处，在处理事情时也非常容易受到别人的影响。

C.你有非常严重的自我意识，把自己完全当作世界的中心，对和自己无关的人和事很难上心，也很难转移自己的注意力。

D.你把自我和他人分的非常清楚，会给自己保留一些空间。同时你也很理性，在解决问题时能非常客观、合理，相当看重自己的知识和思考能力，平时不太容易被别人左右。

情 商 提 点

青少年时期，在逆反心理作祟下，很多孩子是非常容易走向极端的。因此，广大青少年一定要注意这一点。一旦了解到自己太自我或者是太容易相信别人时，一定要及时调整这种极端情绪，只有这样人际关系才能朝着良性发展。

12 别让自私心理害了你

无论是在什么情况下，我们都不会愿意和一个自私的人交朋友，更不愿意被别人说成是一个自私的人。可是，在别人眼中，我们是不是一个自私的人呢？

(1) 当水壶里的水烧开时，你会：

A.主动去灌

B.等其他人去灌

(2) 你会为别人的利益而牺牲自己的利益吗？

A.会

B.不会

(3) 当你看到老弱病残孕的乘客没有座位时。你会：

A.主动给他们让座

B.假装没看见

(4) 当你手里只有一个橘子的时候，你会：

A.与家人分享

B.独自享用

(5) 你觉得你身上的零用钱有多少吗？

A.不知道，不过肯定够用的

B. 知道有多少钱，而且记得非常清楚

（6）有一天你在路上看到一个行人晕在那里，你会：

A. 帮助他去医治。

B. 视而不见。

（7）有一天不是你值日，可是你看到教室外面的走廊脏了，你会：

A. 主动打扫

B. 让别人去打扫

（8）当看到别人车上的东西掉下来时，你会：

A. 喊住骑车的人并告诉他

B. 假装没看见

9. 在教室里面看到一把扫帚倒了，你会：

A. 主动扶起它

B. 不管它

10. 老师公开表扬其他同学时，你会：

A. 很高兴

B. 没感觉

评分标准：选 A 得 1 分，选 B 得 2 分。

心 理 分 析：

总得分在 14—20 分之间：

在朋友的眼中，你是一个比较自私的人。其实，你可以学着多站在他人的角度思考问题，也许会有不一样的收获。

总得分在 10—13 分之间：

你并不是一个自私自利的人，很多时候你都会站在别人的角度思考问题，甚至会为了别人的利益而牺牲自己的利益。

情 商 提 点

人有自私心理很正常，尤其是对于身为独生子女的青少年来说更为普遍。因为家人的溺爱，生活环境的优越，往往让这些青少年产生自私心理。

那么，我们该如何纠正自己的这种心态呢？唯一的方法就是去分享，让其他同学感受与自己一样的快乐。有了新鲜玩物，不妨让同学们也看看；得到了奖励，分出来一部分给伙伴。只有这样，我们的自私心理才能越来越少。

13 告诉我，你的选择

人生，就是一个不断选择的过程。在每一次选择中，我们都会进行思考，而不同的思考结果，也能反映出我们不同的性情。

如果你是某位非常著名歌星的粉丝，意外地被特邀出席他今年的首场演唱会，还会有与他合唱的机会。但就在你满怀期待准备出门时，你最好的朋友却打电话来告诉你，现在因为和父母吵架而非常伤心，这个时候你会怎么办？

A. 立马决定去他家，陪在他身边

B. 对他说你现在非常忙，在你忙完了之后再跟他聊

C. 一边在电话里安慰她，一边招呼车子准备去演唱会

D. 马上去陪她，虽然心里还是稍微有点不乐意，但看到朋友确实是非常伤心，于是决定放弃演唱会

心理分析：

A. 你非常喜欢帮助别人，而且常常在这个时候忽略了自己。

B. 你只关心你自己，和外界之间有一条明显的界限，没有别人可以左右你的思想。

C. 你非常确定自己想要的是什么，不会为了取悦别人而感情用事，有问题时你会权衡利弊再去做。

D. 一方面你想要满足自己，但又不愿意去伤害朋友，所以你总是陷入在这种纠结中，因而总是患得患失。你非常注重友情，可是也会为自己没有说出实话而后悔。

情 商 提 点

每个人面对的情况不同，选择也会不一样。从选择的差别中我们可以洞察出一个人性格上的差异。

对于那些友情至上的青少年来说，需要提醒自己不能够因此而丧失了自己的原则；对于那些凡事都喜欢自己做主的人来说，有时候听取一下别人的意见也是一个不错的选择；而那些总是喜欢摇摆不定的同学，一定要坚定一下自己的信念。

14 你写微博的习惯是什么？

现在很多人都有写微博的习惯，尤其是随着网络一起长大的青少年。在这个过程中，每个人也都养成了独属于自己的一些习惯。之所以会与他人不同，其实也都是自己的个性使然。那么，你有什么样的习惯呢？

A.把发生在身边的事都记录在微博上

B.经常在上面抒发一下自己的一些感慨

C.喜欢在微博中议论他人

D.会在微博中回忆一些事情

E.把自己一些不满的情绪通过微博发泄出来

心理分析：

A.你是一个非常注重交际的人，善于思考，有主见，常常自我感觉良好，对未来持乐观态度，是一个非常有自信的人。

B.你是一个非常喜欢追求时髦的人，热情开朗，平易近人，对于各种环境你都能够轻松适应，办事利落，生活也非常规律，富有幽默感，交际能力强。可是你非常容易相信他人，且不拘小节。

C.你是一个自尊心非常强的人，思想保守而尊重传统，能够非常冷静地处理一些事情，不大合群，也不喜欢在别人面前流露出自己的真性情，但非常尊重别人对自己的感情。

D.你是一个非常正直的人，性情温和，热爱生活，看上去总是非常有活力，懂得珍惜时间，而且口才非常好，身边总是有一大群朋友，可是知心的并不多，而且你非常喜欢快节奏的生活。

E.你是一个性格非常内向的人，富于幻想，而且非常喜欢交朋友；但不太信任别人，很多时候非常容易自寻烦恼。

　　自信向来是成功人士的必备法宝，它可以更好地帮助我们扫除前进路上的一些障碍。对于正在成长阶段的青少年来说，培养自信的心理素质是非常有必要的。

　　当然，在自信的同时，我们还要注意不能够因此而自大骄傲，也需要多考虑一下旁人的感受，学会尊重别人的看法。但是这不意味着我们就要一味地听取别人的意见，凡事我们都应该有一个自己的判断，这样无论到什么时候我们都可以把握主动权。

15　周末你会睡到几点？

　　经过一周紧张的学习，到了周末我们终于可以放松一下了。如果这时候你有事情必须要在7点出门，那你就一定要定个闹钟了。假如从你起床到准备出门只需10分钟，你会怎么设定你的闹钟呢？

　　A.6点，闹铃响了以后就关掉，再眯15分钟左右

　　B.6点30分，但是会懒床10分钟

　　C.6点40分，马上就起来

　　D.7点的时候再起来

心理分析：

　　A.为了防止迟到你才会把时间定的这么早，可是如果你之后还一直懒床的话，反而会更容易错过时间，所以说这种做法是非常不理智的。所以可以看得出来你是一个做事非常缓慢的人，不能够合理地利用时间。

　　B.你是一个非常稳重的孩子，做事不会毛毛躁躁，也不会拖泥带水，能够很好地适应各种环境，就连懒床的时间也安排得非常好，能与未来的现代都市生活节奏互相配合。

　　C.你掌控时间的能力非常强，行动力极强，而且也是高标准地要求自己，凡事不

轻易认输。但若有突发状况出现，你很可能会一时之间不知道该怎么做，有时候还不能很好地控制自己的情绪。

D.你是一个有点刁蛮任性的人，明知道不能迟到，可还是不愿意早点起来。遇到自己心情不好的时候，就算是跟人家约好的事情，你也可能会变卦，是个标准的"迟到大王"。

　　从定闹钟的这件小事中，我们可以看出一个人的时间观念到底如何。个性沉稳的人在这方面做得比较好，而一个好的时间观念，可以帮助我们更好地完成既定的事情。尤其是对于那些个性比较浮躁或比较懒散的青少年来说，应该学会给自己制定一个计划，然后督促自己按计划来执行，这样所有的事情才不会乱套，而且可以保证能够很好地完成。

16 你喜欢采用哪种方式洗澡呢？

　　忙碌了一天，回到家以后美美地洗一个澡，身上的疲惫马上一扫而光，这是一件非常惬意的事情。而从我们每个人不同的洗澡方式上，也可以看出自己的性格哦。那么，你喜欢采用什么方式洗澡呢？

A.普通水洗澡

B.泉水洗澡

C.牛奶泡澡

D.花瓣泡澡

E.用薰衣草和柠檬片泡澡

F.糖果味道的泡泡浴

心理分析：

　　A.你不太看重享乐的事情，觉得身上只要洗干净就可以了，没必要搞那么复杂。所以你一般都是非常有时间观念的。在做一件事情之前，会制订一个比较完善的计划，

做好所有准备之后再付诸实施。

B.你是一个非常懂生活的人，在同学中间肯定有着独特的魅力，做起事情来也比较有条理。你习惯在洗澡时思考一些事情，之后再全身心地享受洗澡的乐趣。你通常不会把情绪写在脸上，而是将真正的想法藏在心里。

C.你的审美情趣很高，有着良好的生活习惯以及学习习惯，喜欢追求一切美好的事物。有时候你可能会独来独往，不习惯过那种闹哄哄的团体生活，即使是和自己最亲近的人一起，你也从来都只按照自己的意愿行事。

D.和朋友在一起时，你总是希望别人能够听自己的，算得上是比较自恋。你对新鲜的事物充满了好奇，很会享乐。可有时候你不太擅长处理人际关系，不看重别人的长处，反而会更关注一个人的短处。

E.你一般都是先做后说，内心有着很强的欲望，然后千方百计地设法满足自己。同时，你性格比较直率，没有什么心机，不会事先规划做事的程序，虽然追求的目标是非常高的，做事情也能脚踏实地，只是有时候心有余而力不足罢了。

F.你的心理年龄非常小，而且不想长大。你习惯接受别人的安排，不会主动去关心别人。

情 商 提 点

除了要学会扬长避短之后，在制定目标时我们也需要注意切合实际，要给自己设定一些切实可行的目标，只有这样才能够真正地激发自己的动力。那些看上去不太可能实现的目标，只会将我们搞得筋疲力尽。

17 你的生日准备怎么过？

生日年年有，可是不同的人却有不同的过法。有的人喜欢很多人在一起热闹一下，有的人却喜欢和自己最亲近的人待在一起。之所以有不同的喜好，就是因为每个人的性格不同。那么，你是哪种性格呢？

假如今天晚上是你的生日宴会，你的客人中有五位非常重要的嘉宾，你会选择谁坐在你身边？

A. 运动选手

B. 你的班主任

C. 作家

D. 流行歌手

E. 掌相专家

心理分析：

A. 你活泼的性格使你成为一个喜欢参加各种活动的人，同时也是一位领导型人物。你在同学中间的人缘非常好，而别人也很愿意听从你的意见。

B. 你是一个比较宅的人，通常喜欢自己一个人待在家里面，内心是比较孤独的，但是你也不愿意到处去结交朋友。不过你是一个心地很好的人。

C. 你的个性比较神经质，有点什么事情就容易高兴，有时候又会摆起一张臭脸，让别人不敢轻易接近你，因此你的朋友也不会很多，更别说是好朋友了。所以你要学会恰当地控制一下自己的情绪。

D. 你是一个非常细心体贴的人，别人有问题时也喜欢跟你商量，因为你不仅是一个很好的聆听者，而且还可以给对方提出一些比较好的意见。而你也是情绪很容易波动、很容易受环境影响的人。

E. 你是一个乐天派，为人处事非常大方，性情也比较率直。如果是你不喜欢的人和事，就会非常明确地说出来，是那种喜怒均形于色的人。这种性格往往让你在还没有察觉的情况下就得罪了别人，可是也正因为如此，你比较容易交到知心朋友。

情 商 提 点

每个人的真性情在人际交往中都是非常容易暴露的，要想让别人和自己建立良好的沟通，我们就一定要注意一下自己身上有哪些缺点，然后在交流时尽量避免这种缺点。比如说，性格比较孤僻的同学可以试着多和大家沟通一下感情，性格比较直爽的同学平时多注意一下说话的方式，脾气不太好的同学要学会控制一下自己的情绪。只有清楚地认识到了自己的这些缺点，我们才能更快更好地进步。

18 你平时是怎么睡觉的？

我们心中所想的，很多时候都会通过动作表现出来，就连睡觉也是如此。不同的睡觉姿势，泄露出了我们的真实性格。那么，你的睡觉姿势是什么样的呢？

A.平躺——四肢呈大字形平躺着

B.平躺——双臂枕在后脑勺下

C.平躺——交叉跷着二郎腿

D.侧睡——躺在胳臂上

E.侧睡——躺在一边

F.侧睡——蜷缩着身体

G.侧睡——弯曲一只脚膝盖

H.肚子朝下，趴着睡

I.其他姿势——四肢贴着身体

心理分析：

A.你的个性直率，而且非常喜欢美的事物。平时你非常喜欢挥霍，有时候你会有点多管闲事，而且非常喜欢说长道短。

B.你有着高度的智慧和学习的热忱，时不时地你会冒出一些很奇怪的想法，让人很难去理解，更没有办法去追随你。

C.你通常都比较自恋，会习惯于生活当中固有的模式，不喜欢会有什么变化，所以大多数时候你会选择独处。而且你的耐性压制住了你解决问题的本领。

D.你是一个性情比较温和的人，但是你没有足够的自信。你需要学会接受生命中的一些不完美，清楚这其实是自我成长的代价，这样你才会得到真正的幸福。

E.你是一个很有自信的人，而且非常的勤奋，非常容易取得成功。

F.你常常缺乏安全感，所以会产生自私、妒忌和报复的心理；而且脾气非常不好。所以待在你身边的人都会非常小心，避免因为一些小事而激怒了你。

G.你很喜欢大惊小怪，常对小事做出过度反应，让别人搞不懂你。

H.你心胸不够开阔，常常以自我为中心，总是将自己的观点强加在别人的身上，认为你所要的就是别人想要的，有时候根本不在乎别人是怎么想的，或者以散漫的态

度来对待这种感觉。

I.在过去那些不太美好的记忆中,你会觉得寂寞、沮丧,而且难以自拔。也因为如此,你才会变成一个犹豫不决的人,而且对很多事情都缺乏信任。

情 商 提 点

　　生活中,有太多的细节可以让我们观察自己,看看自己是否缺乏安全感,看看自己是否有一个不太良好的习惯。观察到了自己的缺点,我们就要进行心态上的调整。那个时候你就会惊奇地发现,自己的睡觉姿势也健康了许多!

19 你知道自己个性的显著特点吗?

通过不同的洗澡时间,就能看出你的性格具有哪些鲜明的特点。

你一般在什么时间洗澡呢?

A.早上洗

B.晚上洗

C.在家庭里边按着顺序洗

D.看完电视以后

心理分析:

　　A.选择这种洗澡方式的人一般都比较精明,他们做事情都会非常有规划,只有在准备好所有的事情之后,他们才会付诸行动。

　　B.这种人一般都比较有领导能力,不过他们做事情时有点慢条斯理,喜欢趁着洗澡时沉淀丢下思绪,并自在地享受洗澡的乐趣,情绪往往不轻易地表露,别人很难洞察他们内心。

　　C.这种人有很好的协调沟通能力,他们习惯接受他人的安排和别人的意见与看法,有着很好的执行能力。其人格方面协调性也强,喜欢站在别人的角度去考虑问题。

　　D.这种人一般比较注重享受,其他的事情都可以先往后放。他们会非常注意自己的欲望有没有得到满足,而且不会事先做规划。

情 商 提 点

　　每个人的个性都可以从自己的实际行动中体现出来，在我们对洗澡时间的安排上，我们以小见大，就可以看出自己身上有哪些显著的个性。

20 旅行时你都准备了哪些常备药物？

　　旅行是放松心情的一个好方式，很多青少年都喜欢在空闲的时间选择去旅行。在旅行中，如果出现了身体不适的现象，那可真是大煞风景，所以在旅行时最好随身携带一些药物以防万一。那么，你一般首选随身药物是什么呢？

　　A.肠胃药

　　B.晕车药

　　C.头痛药

　　D.外伤药膏

 心理分析：

　　A.你是一个活泼开朗的人，喜欢生活在比较欢乐的气氛中，而且你经常会给别人带去笑声。你的思想非常单纯，只要使大家玩得愉快，哪怕让你当小丑你都会非常高兴。可是你非常不容易安静下来，让你一天不说话你就会非常难受。不过你平时还是非常惹人喜欢的，大家出去玩的时候都喜欢带着你。

　　B.你是一个非常情绪化的人，有什么事情都写在脸上。这种性情往往很容易让你在沟通时制造出尴尬的气氛，除非会有人主动站出来缓解气氛，不然尴尬的场面就会一直这样持续下去。

　　C.你是一个做事情特别小心谨慎的人，所有事情都会考虑清楚之后才说。从表面上看，你也许非常内向，其实这只是因为你对具体的情况还不太了解，只有你做好充足的准备之后，你的实力和潜力才会慢慢地发挥出来，到时候你的表现几乎会让所有的人都感到震惊。

　　D.你很追求完美，总是用高标准来要求自己。当然，如果你沟通时氛围是非常和谐的，那么你做事情时就会非常顺利。可是如果在这中间你有什么不满的情况，那么你非常有可能会牺牲别人，让别人陪自己一路闷到底。

情 商 提 点

从外出旅行我们所带的不同药品中就可以看得出来，每个人所看重的东西不一样。有的人会考虑好所有的事情，然后做足充分的准备；而有的人就不会考虑那么多，只会贪图一时享乐，全然不会想其他的事情。其实，对于青少年来说，我们应该学会全面地考虑问题，细处着手，这样才能帮助我们少走许多弯路，减少很多不必要的麻烦。

21 你旅行时会带什么样的包？

出去旅行时我们经常需要用包带一些必备用品，有的人喜欢轻装上阵，用一些比较小巧的包；有的人则喜欢用大包装很多的东西。其实，从不同人的选择中，我们也可以看出一个人的责任感。

你习惯用哪一种类型的包包？

A.宽松大包

B.多功能包

C.轻巧小包

心理分析：

A.你的责任感不是很强，有时你可能想要逃避一些问题，可是当你行动起来时却发现，在外界环境的影响下你没有办法这么做。

B.你最厌恶的事情就是因为责任而带来的压力，而且你也缺乏自信心，遇到问题往往会找一堆借口搪塞，或者是让别人来承担责任。

C.你是一个非常有担当的人，肯为自己负责，乐于接受挑战，就算是自己有了错误，你也会非常勇敢地承认错误，而且会想办法弥补。

 情 商 提 点

　　我们每一位青少年朋友都应该要有责任心，要做一个负责任的人。没有责任心的人，容易产生"事不关己高高挂起"的心理，对人对事都以冷漠态度处之，这其实对我们的学习、交友都是极为不利的。

22　你平时都是怎么点菜的?

　　不同性格的人的生活态度不一样，因此生活习性也大相径庭。其实，这些行为都是我们内心的真实写照。比如，你和家人一起去饭店聚餐，当服务员让你点菜时，你通常的做法是：

　　A. 先点好，然后有什么情况再调整

　　B. 不顾忌别人的想法，只点自己想吃的菜

　　C. 自己随波逐流和别人点一样的

　　D. 根据服务员的介绍来点菜

　　E. 在还没有点菜之前，先说出自己喜欢吃什么

　　F. 点菜时特别犹豫，非常缓慢

心理分析：

　　A. 你有很强的自尊心，做什么事情都不希望别人来指挥你。你也很有自己的想法，在很多小事上都会非常在乎，以此来显现你和别人的不同。

　　B. 你是一个非常乐观的孩子，不爱斤斤计较，同时你也是一个非常果敢的人，可是有时候也非常容易因此而犯错误。

　　C. 你是一个非常谨慎的孩子，有时候难免会忽略自己，属于顺众型的人，也有自己的想法，可是一旦遇到了别人的反对，你就不能够坚定自己的想法了，开始去顺从别人的意见，所以你是很容易受到别人影响的。

　　D. 你和前面的几种人都不太一样，你喜欢站在别人的角度上考虑问题。虽然你能够听取别人的意见，但认为不应该一味地顺从，从而丧失了自我。

E.你的性格非常直爽，待人做事都不拘小节，所以对别人来说很难开口的事情，你却可以轻而易举地说出来。正因为如此，虽然你有时说话比较直白、尖锐，可是你处理事情时比较圆滑，所以说人际关系还是不错的。

F.你是一个非常犹豫不决的人，总是小心翼翼，所以在别人看来你也许有点软弱。但是你想象力丰富，正是因为过分关注于一些细节，因而对全局无法掌握。

情 商 提 点

在人际交往的过程中，每个人都有自己的习惯，而性格也在这个过程中体现得淋漓尽致。对于青少年来说，在处理事情时能够非常果断是非常好的，可是在果断的同时我们也需要全方位地去考虑问题。我们在做决定时应多考虑一下别人的感受，尽量让我们身边的人都能够满意，这样可以帮助我们建立良好的人际关系。

23 通过减肥看个性

现在很多人都有减肥的习惯，而从减肥这件事中，也可以看出来你的个性如何。

此刻，如果你的朋友在你减肥的攻坚期邀请你去吃大餐，你觉得他是怎么想的呢？

A.就是为了让你开心一下，希望你轻松面对减肥

B.他这样做就是为了取笑你

C.是在考验你能不能经受住诱惑

D.看你减肥这么辛苦，是心疼你的表现

E.自己根本不会多想，只是碰巧吃个饭罢了

心理分析：

A.你做事情时专注度很高，认为只要努力就一定会得到回报，喜欢苦中作乐。正所谓傻人有傻福，你的这种个性定能帮助你以后大有所成。

B．你有很强的自我意识，而且具有十足的孩子气，为人善良也很单纯，觉得只要开心就好。可是你又非常注重享受，所以说很难会有一番大的成就。

C．你是一个名副其实的好学生，学习努力又很有潜力，是一个非常有前途的绩优股。

D．你没有多大的抱负，比较向往平淡的生活，不管做什么事情你都是全凭自己的喜好，因此你在拼搏的过程中缺乏动力。

E．你是一个老实本分的人，在学习中也是非常投入的，所以你会在闲暇的时间不断地充实自己，得到很多人的认可。

情 商 提 点

无论做什么事情，只有投入百分之百的努力，才可能会取得成功。同时，这世界上也没有一蹴而就的事情，我们必须要学会坚持。

24 你可以战胜你自己吗？

经常有人说：世界上最大的敌人其实就是自己，当你能够战胜自己时，就没有解决不了的问题了。那么，你认为你能够战胜自己吗？

（1）取得胜利时你会有怎样的情绪？

A．内心深处是非常高兴的

B．有一点儿高兴

C．一点都不高兴

（2）人际交往中你和别人发生过矛盾吗？

A．从来都没有过

B．经常有

C．太多了，自己已经记不清次数了

（3）一个小男孩正费劲地搬一个很重的箱子，当你看到他快要放弃时，你会怎么做？

A．鼓励他要勇于尝试

B．只是安慰他

C．告诉他应该量力而行

（4）你帮助别人时，大多是在什么情况下？

A.觉得有意义的时候才去做

B.别人请求我帮忙

C.即使别人没有说，自己也会主动帮忙

(5) 你的朋友让你感到失望吗？

A.很少

B.经常

C.总是让我感到失望

(6) 在你最需要别人帮助时，你会怎么做？

A.主动去邀请别人来帮忙。

B.我应该自己解决这个问题。

C.会主动拒绝别人的帮助。

(7) 如果你在参加一次聚会时迟到了，而参加聚会的其他人正闹成一团，你会给自己多长时间进入聚会的状态？

A.马上就可以融入到聚会中。

B.融入进去的速度会非常慢。

C.很难再融入到聚会中。

(8) 刚刚参加完一次篮球比赛，你的感觉怎么样？

A.非常好

B.很累

C.很舒服

(9) 当你心情烦躁时，恰好又需要与他人沟通事情，你会怎么做？

A.我不会因为这个而伤害到其他的人

B.有可能会伤害到别人

C.会有不一样的举动，让别人感到惊讶

(10) 你是怎样面对陌生人的？

A.一般都会主动地向别人示好

B.开始的时候总是保持一定的距离

C.对别人总是非常冷淡

(11) 那些对你很好的人，你是怎么看的？

A.觉得他们确实非常好

B.他们对我好可能另有居心

C.他们的行为让我觉得非常无聊。

评分标准：

选A得1分，选B得2分，选C得3分。

 心理分析：

总得分在0—19分之间：

这种人只会考虑自己的利益，而且只做对自己有益的事情。不过，他们也从不会刻意地伤害别人，而且有的时候，处事方式也会让别人感到很快乐。

总得分在20—30分之间：

这种人非常善良，经常会这样想："与其让别人来帮忙，还不如我自己来做呢！"因此，很多人都会觉得这个人特别的好，很少去麻烦你身边的人，但是很多时候会吃亏。

总得分在31分以上：

凡事你都喜欢为别人考虑，总是做一些刻意讨好别人的事情，希望你身边的人都可以满意，可是你却经常得不到什么回报。因此，你应该多多关注自己的利益，有的时候也要为维护自己的利益而采取一些措施。

情 商 提 点

作为青少年，我们不能太自私。要知道，帮助别人其实也是帮助自己，我们不能够因为一些蝇头小利而放弃了长远的利益。因此，我们应该培养这种站在长远角度考虑问题的价值观，懂得享受帮助人的快乐。当然，这里所说的无私也应该是有限度的，我们不能够没有选择地帮助任何人，否则那样很容易被坏人利用。

 你做事的态度怎么样？

无论做什么事情，一个端正的态度是非常重要的，这也是我们自身需要具备的一项基本素质。而态度端正与否，也会从生活的小事中一一体现。

有一天你站在马路中间，你会选择东南西北哪一个方向？

A. 往东走

B. 往北走

C.往西走

D.往南走

心理分析：

A.你做事情时非常稳重，既脚踏实地又十分谨慎，而且总是非常有计划和有条理。因此，你往往能够取得成功。

B.你在学习上十分勤奋，也善于搞好身边的人际关系，有一定的领导才能。

C.你是一个比较顺从的人，在别人的监督下，你总是能够把事情做好。可是如果让你自己独立去做一件事情时，你可能就不会那么顺利地完成了。

D.你的意志非常脆弱，遇到一点挫折就可能被打垮。所以，要想让自己强大起来，你首先要做的是强大自己的内心。

情 商 提 点

从一个人做事的态度，我们往往可以预知他做这件事的结果。态度认真的人，往往会因为付出努力而取得成功；态度懒散的人，则大多数一事无成。

因而，青少年要注意自己做事时的态度，认真对待自己的学习和生活，凡事都要尽自己的努力去做，不要一经打击就轻言放弃。

26 什么样的风景最让你陶醉？

随着我们心境的变化，想要看到的风景也会跟着变化。那么，当下你想看到什么样的景象呢？赶快来测试一下吧。

外出游玩时你会选择去什么地方？

A.大海

B.小溪

C.瀑布

D.湖泊

E.河流

心理分析：

A. 你是一个性情开朗的人，非常崇尚自由，不喜欢猜疑或怀疑别人对你的态度和心意。同时你也是一个非常包容的人，如果遇到实在不喜欢的人，采取的态度总是回避，不会有直接冲突。

B. 你是一个心思缜密的人，非常善解人意，遇到事情也能够小心谨慎地处理。受到委屈或被人欺负，常希望有强者出面帮你解决或取得公正。

C. 你有非常强烈的表现欲望，有问题时也可以非常坦率地讲出来。

D. 你的人际关系非常不错，从不与人有正面冲突，总是尽可能地包容别人。

E. 你的思想非常开放，有意见时就喜欢表达出来，却不喜欢分析问题的解决方法。你朋友很多，关系却不一定很亲密，因为你只会分享朋友的快乐，对别人的忧愁则是另一种态度。

情 商 提 点

我们的心境，会随着环境的变化而变化。通过环境测试，能够帮助青少年了解自己的内心到底是一个怎样的人。如果自己比较内向，那么不妨学着开朗点，多和周围的同学接触一下。而自己太不拘小节，经常给同学们造成困扰的话，就要学会自我收敛。

 27 伸出你的手掌看你的性格

手掌，是我们身体的重要组成部分。而每一个人的手掌同个性一样，也是独一无二的。

当你伸出手时，你的手是什么状态呢？

A. 手指是全部张开的

B. 手指头全部紧贴在一起

C. 大拇指和其他的手指是分开的

D. 手指在弯曲着

E. 小指和其他手指是分开的

心理分析：

A．你是一个乐天派，个性爽朗，行动非常灵活，讨厌被束缚，而且是一个很情绪化的人，高兴与否都会写在脸上。

B．你做事情时非常细心，而且很认真、谨慎。但你常常压抑自己的情绪，不愿与人倾诉。

C．你有非常强大的意志力，但有时候为人处事显得很固执。

D．你的意志力比较薄弱，性情较温和。当别人有事麻烦你时，你一般都不会拒绝。

E．无论喜欢或不喜欢，你都会直接地表现出来，性格非常冲动。

情 商 提 点

俗话说，坚持就是胜利。耐性和意志力可以帮助我们登上成功的顶峰。在我们遇到挫折时，它们往往可以赋予我们最有力的力量，扫去我们心中的疲惫。

28 你和网友怎样见面？

随着互联网的普及，网上交友这种方式已经十分流行。在网上聊得很开心后，通常也会相约着在现实中见上一面。那么，假设你想要在星期天和网友相见，你会选择哪一种方式呢？

A．只是大概地约定一个地点，看看双方有没有足够的默契

B．在某一个固定的地点等待

C．会事先约定好当天穿的衣服

D．会拿一本两人都读过的书

心理分析：

A．你的个性非常善变，喜欢各种比较随性的生活方式，不愿意有任何东西来牵绊住自己，是比较率真的一个人。

B.你做事情时非常果断，不会犹豫不决，是一个很干脆利索的人。

C.你是一个很爱面子的人，可以说有点爱慕虚荣，十分注重自己外在的形象。

D.通常来说，喜欢抱书的人，比较注重内在气质的培养，他们在认识一个人时十分注重对方的内涵。

情 商 提 点

俗语说，腹有诗书气自华。青少年一定要内外兼修，既要表现得体大方，内在气质也一定要具备。只有这样，我们在进入社会之后才不会被轻易地淘汰，也会更容易找到施展自己才华的舞台。

29 你平时都是怎么看电视的？

每天放学之后，很多同学都喜欢窝在沙发看电视。而从不同人看电视的习惯中，我们就可以看出一个人的性格特征。那么，你有什么样的看电视习惯呢？

A.喜欢看新闻或纪录片

B.喜欢边看电视边吃零食

C.每天固定的时候都会看电视

D.喜欢看喜剧或一些综艺类的节目

 心理分析：

A.你对所有事情都充满了好奇心，而且希望能够参与进来，不喜欢做个旁观者，是个好奇心重的分析家和交谈者。

B.你是一个乐天派，对人随和，从来都是只关注事物美好的一面，几乎没有什么可以让你烦心的事情。

C.你的生活非常有规律，对朋友彬彬有礼，非常容易宽容别人，很受别人的欢迎。

D.你擅长于利用各种空闲时间，是个很有幽默感的人，总能发现生活中的乐趣。

情商提点

　　社会之所以能够进步，正源于人类的创造力和好奇心。青少年时期的想象力和创造力是非常丰富的，所以，我们就要利用好自己的这一优势，多思考、多探索，努力提升自己的能力。

30 《白雪公主》的故事中你最想扮演谁？

　　我们看过许多童话故事，那些故事中的每一个人物都代表了一种性格的人。那么，如果老师让你去演《白雪公主》的故事，你最想演的角色是谁呢？

A. 七个小矮人

B. 白雪公主

C. 白马王子

D. 继母

心理分析：

A. 你是一个非常善良的孩子，人缘也不错，同时有很好的判断能力。

B. 你非常乐观开朗，可是考虑事情不够全面，不能通过外表洞察一个人的本质。

C. 你有点自卑感，非常容易听信旁人，没有主见，很容易随波逐流。

D. 你是一个非常有创造力的孩子，自我意识很强，很难听进去别人的意见。

情商提点

　　在看书或看电影、电视剧时，我们通常就会把自己想象成其中的某些角色，这其实就是自己性格的展露。现实生活中，我们是什么样的人呢？有哪些优点和缺陷？这些问题，需要青少年经常去思考和总结，然后在实践中不断地学习和改进，从而让自己的性格优势发挥得淋漓尽致。

31 看看你画出了什么

俗话说，手随心动。我们心中所想的，常常会随着笔端流露出来。因此，我们可以通过自己画出来的东西，判断自己的性格。在下面的这幅图中，你想给他画一个什么样的嘴？

A. 大一点的

B. 小一点的

C. 嘴角向上

D. 嘴角向下

E. 整个嘴都张开

F. 会画上牙齿

心理分析：

A. 你是一个非常乐观的人，总觉得身边有很多让自己高兴的事情。同时，你没有办法隐藏自己的悲伤，不高兴时会直接表现出来。并且，你非常争强好胜，一旦认准的事情就一定要完成。

B.你是一个性格有点内向的人，性情温和，平时你的话不多，但做事情时非常细心。

C.你是一个性格开朗，喜欢社交的人，也能和他人合作，非常容易受到身边人的信赖。

D.你的自尊心比较强，非常容易冲动，可是你能够很快地把自己纠正过来。而且你什么事都藏在心里面，不喜欢给人倾诉。

E.你非常崇尚自由，不喜欢被约束。在学习的过程中，你非常容易受到情绪的影响，一旦有坏情绪出现，注意力就会下降。

F.你身上有一种攻击性格的存在，平时对人非常刻薄，所以不是一个受欢迎的人。

情 商 提 点

一个人是什么样的性格，往往能从他的笔下展现出来。通过这个测试，相信许多青少年都已经了解到了自己的性格类型以及优缺点了。

32 你是一个霸道的人吗？

当你逛街时口渴了，正巧旁边有个小商店，商店里只有三种饮品，你会选下面哪一种？

A.纯净水

B.橙汁

C.巧克力奶昔

心理分析：

A.你是个比较霸道的人，有很强的占有欲和控制欲，属于"蚕食鲸吞"型的人。

B.你不是个霸道者，你的占有欲来得快去得更快，属于"见风转舵"型的人。

C.你属于"一触即发"型的人，对自己渴望得到的东西会展现出超强的占有欲，尤其是在爱情方面；对自己兴趣不浓重的东西，就缺乏占有欲。

情 商 提 点

　　在与同学的相处中，要学得大方点，学会跟别人分享，不要太霸道。什么都想据为己有的人迟早要被同学疏离。

EQ

第2章

甩掉情绪包袱

考试中遇到难题时，有的人会冷静地思考解决的办法；而有的人发觉自己不会做之后，就开始无比紧张，结果什么也没有想出来。其实，这都是你的情绪在作怪。你是属于冷静型呢，还是紧张型呢？

33 你的情绪是否健康？

　　健康的情绪，是我们建立良好人际关系的重要基础。如果在交往时你的情绪总是波动得很大，势必会影响到你和其他人的交往。那么，你是否有一个好的情绪呢？

　　（1）看以前的老照片，你心里是怎么想的？

　　A.觉得特别差劲

　　B.觉得非常棒

　　C.觉得可以

　　（2）有没有什么事情，很多年想起来仍然会让你非常不安？

　　A.经常这样

　　B.从没想过

　　C.只是偶尔想起

　　（3）你的同学是不是经常给你起绰号？

　　A.经常这样

　　B.从来都没有这样过

　　C.偶尔

　　（4）你上床以后，会不会怀疑自己没有关上门窗，要起来重新查看一次？

　　A.经常这样

　　B.从不如此

　　C.偶尔如此

　　（5）你对你的好朋友满意吗？

　　A.不太满意

　　B.非常满意

　　C.基本满意

　　（6）在晚上会不会害怕有什么不好的事情发生？

　　A.经常这样

　　B.从来都不会这样

　　C.极少有这种情况

（7）你经常做噩梦吗？

A.很频繁

B.没有

C.非常少

（8）你会不会经常做同一个梦？

A.有

B.没有

C.记不清

（9）有没有什么食物是你一见到就非常恶心的？

A.有

B.没有

C.有点想不起来了

（10）除去现实中的世界，你心里有没有构筑其他的世界？

A.有

B.没有

C.自己也不太确定

（11）你有没有怀疑过自己不是父母亲生的？

A.经常这样想

B.没有

C.有的时候会这样想

（12）你觉得别人喜不喜欢你？

A.是

B.否

C.说不清

（13）你会不会觉得：虽然你的家人有时候对你不太好，但是他们都是真心爱你的？

A.是

B.否

C.偶尔

（14）你是不是觉得没有人理解你？

A.是

B.否

C.说不清楚

（15）每天早上起来后你的心情怎么样？

A. 不开心

B. 很开心

C. 讲不清

评分标准：

选A得2分，选B得0分，选C得1分。

心理分析：

总得分在0—20分之间：

你是一个情绪非常健康的人，对自己非常有信心，也能时刻保持理智，在人际交往中可以说是如鱼得水，深受周围人的欢迎。

总得分在21—40分之间：

你的情绪还算健康，但有时候可能会消极地处理一些事情。

总得分在41—49分之间：

你的情绪不太健康，总是把自己放在各种各样的矛盾之中，当你发泄时你又很容易会得罪到他人。

总得分在50—60分之间：

你有严重的情绪问题，应该马上去看心理医生，否则将会给你的生活带来极大的困扰。

情 商 提 点

好情绪往往更有助于问题的解决，而坏情绪则只会让事情变得更糟。所以，我们必须学会调整情绪，而不是被坏情绪所掌控。当然，这绝不是一朝一夕的事情，必须充满耐心地去适应和调整，否则只能竹篮打水一场空。

34 情绪也有自己的指数

心理学家研究发现，感情细腻的人非常容易情绪化。那么，你是不是一个情绪化的人，能不能比较理智地对待感情，你的情绪指数到底有多高？做完下面这个测试，你就清楚了。

当你早上起来对着镜子看时，你发现自己的脸油油腻腻的，而且还起了小痘痘，这时候你会有什么表情？

A. 很生气的表情

B. 没有任何表情

C. 皱眉的苦瓜脸

心理分析：

A. 你的情绪化指数为60%。你是一个比较情绪化的人，但你的情绪化往往只有自己感觉得出，大多数时候不会表现出来，总是把所有的情绪都藏在心底，目的是不想让身边的人为自己担心。所以，你的情绪比较压抑，不过到了一定的程度，也会有爆发的倾向。

B. 你的情绪化指数为40%。大多数时候你都是非常淡定的，而且很独立。你可以在短时间内平复自己的心情，只是在私生活方面有点情绪化而已。

C. 你的情绪化指数为99%。你是一个情感极其脆弱的人，情绪很容易受到外界情绪的影响，然后把情绪写在脸上。

情 商 提 点

在培养自己一个好的情绪之前，我们首先需要对自己当下的情绪状况有一个了解。对于那些情感起伏比较大的青少年来说，除了采取一些合理的解压方法外，还需要学会和父母、老师沟通，将自己的心里话讲出来，这样才有利于情绪的调整。

35 坏情绪，你能否控制？

生活中，坏情绪总会在不经意间来到我们身边，这个时候如果我们不加以控制，很有可能会造成更严重的后果。你能够控制住自己的坏情绪吗？

（1）你是否坚信自己能够克服各种困难？

A. 不是的

B. 说不准

C. 是的

（2）当你看到关在笼子里的野兽，会不会非常害怕？

A. 是的

B. 不一定

C. 不是的

（3）你是不是觉得身边有些人一直在回避你？

A. 是的

B. 不清楚

C. 不是的

（4）你会不会在大街上躲开那些你不愿意搭理的人？

A. 一定会这样

B. 偶尔会

C. 极少这样

（5）你会不会莫名其妙地讨厌一些东西？

A. 不会

B. 不清楚

C. 会

（6）你是否经常在梦里闹情绪？

A. 经常这样

B. 偶尔会

C. 从来都不会

（7）虽然你为人处世的能力还是不错的，但仍常常会有一种挫败感？

A. 是的

B. 偶尔

C. 不是的

（8）你是否认为你一定会达到自己设定的目标？

A. 不是

B. 不一定

C. 是的

（9）如果你将到一个全新的环境中去生活，你会怎么做？

A. 把生活安排得和原来的一点都不一样

B. 自己也不知道会怎么样

C. 还和以前一样

(10) 你到一个陌生的环境能够辨得出方向吗？

A. 不可以

B. 不一定

C. 可以

(11) 天气的变化能否影响到你的心情？

A. 会有影响

B. 不确定

C. 不会有影响

(12) 在你专心地看书时，突然有人开始大声喧哗，你会？

A. 非常生气，不再专心看书。

B. 不一定，看心情。

C. 还是能够专心看书。

(13) 你对你现在的学习生活满意吗？

A. 满意

B. 一般

C. 不满意

评分标准：

选A得0分，选B得1分，选C得2分。

心理分析：

总得分在0—8分之间：

你可以很好地控制自己的坏情绪，可以很冷静地处理一些事情，遭受挫折也可以在很短的时间内重整旗鼓，也具有很好的团队合作精神。

总得分在9—19分之间：

有时候，你会很难把持自己的坏情绪。不过你的情绪起伏不大，一般情况下，你不会出现太大的问题，除非遇到大事。

总得分在20—26分之间：

你很难控制自己的坏情绪，遇到点事情就会情绪不安，甚至因此而失眠。所以在生活中你一定要学会调节自己情绪，学会控制自己的情绪。

　　为什么会出现坏情绪？就是因为我们无法控制自己的心智，让坏情绪有了可乘之机。常常出现坏情绪不但对我们的身心健康不利，也不会让问题得到很好的解决。因此，我们面对坏情绪的时候，一定要学会克制。

　　其实，控制坏情绪的办法有很多。比如说，我们可以在坏情绪出现时，适当地转移一下注意力。此外，我们还可以不断地提醒自己坏情绪的坏处，形成一种好的心理暗示，这也可以帮助我们很好地控制坏情绪。

36　看看你心里面是否有嫉妒情绪

　　人人都会有嫉妒情绪，适量的嫉妒情绪可以提高我们的斗志，而过分的嫉妒情绪就会影响到我们的人际关系，那么，你是否有严重的嫉妒情绪呢？

　　(1) 给你一张画纸，你会选择一个什么样的背景：

A. 非常开阔的原野

B. 热闹非凡的都市

C. 神秘莫测的森林

D. 非常著名的景区

　　(2) 如果在上面画上一个自己家的房子，你会选择：

A. 古典雅致的中国庭院

B. 宽敞气派的俄式别墅

C. 现代气息的欧式公寓

D. 简洁干净的日式住宅

　　(3) 你会在房子周围建上什么公共设施：

A. 学校

B. 花园

C. 普通商场

D. 高级商场

　　(4) 你的画中会出现几个人？

A. 只有自己

B.2个

C.没有人

D.2个人以上

（5）如果画面中有一辆车子，你希望是什么？

A.黑色奔驰

B.金色林肯

C.红色法拉利

D.银色劳斯莱斯

（6）如果让你选择一种花饰，你会选择什么？

A.桃花

B.樱花

C.郁金香

D.玫瑰

（7）如果画面中有一条通往外面的道路，你会画在什么地方？

A.自己的家和公共设施之间

B.在画中人的脚下

C.在树丛里面

D.在自己的车下面

（8）如果你在画下面签名，你会签在哪里？

A.画的右下角

B.画的右上角

C.画的左下角

D.画的左上角

评分标准：

选A得0分，选B得1分，选C得2分，选D得3分。

心理分析：

总得分在0—3分之间：

你是一个非常宽容的人，能心平气和地面对别人的荣耀和自己的得失。可以说，你根本就不知道嫉妒是怎么回事。

总得分在4—15分之间：

你的嫉妒情绪在正常范围内。不过因为你的性格比较倔强，所以难免会因为争强好胜而产生嫉妒情绪。同时你也是非常自信的，知道通过正常途径来实现自己的目标。

总得分在16—22分之间：

你有比较严重的嫉妒情绪，它们经常会左右你的心情。对于那些和你程度差不多的同学来说，你表现得还好，但只要对方表现出一点与你较大的差距，你就感到非常的不平衡。

总得分在22—24分之间：

你是一个嫉妒心极强的人，对身边的人都不太喜欢，总觉得他们有很多比自己优越的地方，哪怕是因为一件非常小的事情，你都会产生嫉妒心理。所以你经常会伤害到别人，而且也会让身边的人对你没有好感。

适量的嫉妒心可以转化成我们前进的动力，过分的嫉妒心则会成为我们的绊脚石。

对于青少年来说，在学校里是最有可能形成嫉妒心的，如果我们不好好地控制，对我们的学习进步非常不利。因此，当意识到自己有嫉妒心时，我们可以暗示自己才是最棒的，告诉自己和同学们可以一起进步，同时还要多发掘自己身上的优点。

青春飞扬的年纪别总是焦虑

遇到困难时，我们难免会有焦虑的情绪。而这种情绪，往往更不利于我们解决问题。那么，你平时是否经常会出现这种焦虑情绪？

我们可以根据测试题，选择以下四种答案：

A. 没有或很少时间

B. 小部分时间

C. 相当多时间

D. 绝大部分或全部时间

测试题：

(1) 经常会感到紧张和着急。

(2) 莫名其妙地感到忧心忡忡。

（3）总会莫名其妙地烦躁。

（4）觉得自己快要发疯了。

（5）觉得自己很容易就疲劳了。

（6）经常手脚发颤。

（7）经常会出现肠胃不消化的情况。

（8）感觉自己心跳很快。

（9）双脚非常麻木。

（10）经常会头疼。

（11）经常会有快要晕倒的感觉。

（12）会因为头晕而苦恼。

（13）常常要小便。

（14）脸非常容易发红发热。

（15）晚上会做噩梦。

（16）觉得一切都还好，也没有什么不幸的事情发生。

（17）自己经常会安静地呆着，而且手脚很温暖。

（18）自己呼气和吸气的时候都非常容易。

（19）自己入睡很快，而且睡得很好。

（20）跟周围人常常发生摩擦。

评分标准：

1—15题：选A得1分，选B得2分，选C得3分，选D得4分。16—20题：选A得4分，选B得3分，选C得2分，选D得1分。计算出总分之后，将你的得分乘以1.25，得到结果后用四舍五入法取整数，便是你的最终得分。

心理分析：

如果你的得分在50分以下，说明你不存在焦虑的情绪。得分在50分以上，说明你有明显的焦虑状况；分值越高，就说明越严重，需要及时调整。

情商提点

焦虑是时常出现的一种坏情绪，一旦出现这种情绪，它可能会影响我们正常思维，甚至影响我们的智商。因此，当我们身上出现这种情绪的时候，可以深呼吸，先让自己冷静下来，之后再去想解决问题的办法。

38 属于你的情绪优点有哪些？

　　每个人都希望自己能够在人群中散发出自己的魅力，而一个好的情绪可以让我们的魅力有所提升。可是你知道自己的情绪优点是什么吗？希望通过这次测试，可以让你更了解本身的优点所在，然后充分发挥自己的优点。

　　(1) 当你看到猫时，你心里想的是什么？

　　A.它们看上去悠闲自得

　　B.它们很可爱

　　(2) 下面的哪个童话故事你比较喜欢？

　　A.白雪公主

　　B.弗兰德斯的狗

　　(3) 你在商店选的食物一般是什么？

　　A.快餐类

　　B.点心类

　　(4) 在购物的时候你一般会怎么？

　　A.之前就已经选择好了店

　　B.和朋友一起去

　　(5) 当你想到月中有嫦娥时你会觉得怎么？

　　A.几乎没有什么特别的感觉

　　B.如果我能像她一样就好了

　　(6) 你心目中的家是什么样子的？

　　A.有着很小的门窗，钢筋混凝土式的三层楼

　　B.有着很大门窗的平房

　　(7) 看推理小说时，你是怎么推断犯人的？

　　A.根据书中的描述

　　B.看看长相怎么样

　　(8) 去海滨浴场之前你会怎么做？

　　A.需要先减肥

　　B.买新的游泳衣

　　(9) 和好朋友争吵后你会做什么？

A.去寻找新朋友

B.及时地反省自己，改变自己的缺点

(10) 你对占卜之事怎么看？

A.不相信

B.很相信

心理分析：

统计你选择B的个数：

0-2个B，你是一个非常值得信任的人，身边有好多朋友。

3-5个B，你身上的情绪优点非常多，例如很容易宽容别人，只不过有时候需要在细节方面重视一下。

6-8个B，你是一个很受欢迎的人，可是你经常冲动，常常只考虑自己，所以你需要在这些方面改进一下。

9个以上B，你是一个非常有魅力的人。你的情绪非常细腻，不过有时候你非常善变，经常会给别人带来一些麻烦。

情 商 提 点

在人际交往中，好情绪不但可以为我们加分添彩，还可以给我们带来意想不到的收获。而当我们拥有一个好情绪之后，也要学会合理地利用自己良好的情绪魅力来吸引别人。

39 考试失败，你有怎样一副面孔？

考试是学生时代的必修科目，每个学生在学习期间都会遇到各种各样的考试，同时也会不可避免地遭遇到考试失败的情况。那么，面对失败，你会有怎样的情绪？让我们通过下面的问题来测试一下吧：

你原本准备回家，这时突然有朋友找你一同度假，你觉得第二天应该是什么天气？

A.有许多特殊形状的小晴天

B.有着很重乌云的阴天

C.即将下雨的闷热天

D.万里无云的晴天

心理分析:

A.你很容易遗忘痛苦,而且知道运用合理的方法来解决自己心中的这种痛苦。可是,如果什么事情引发你想起曾经历过的那种痛苦,你马上就会有非常强烈的反应。

B.你缺乏面对自我的勇气,以为去旅行就会忘了让自己伤心的事情,可是这样往往解决不了问题。

C.你不愿意把自己的痛苦展现在别人面前,表面上十分坚强,但实际上是一个内心极其脆弱的人。

D.你只会选择用逃避来解决问题,从来不敢直面问题予以解决,你对所有事情都缺乏自信心。

情 商 提 点

没有一个人是常胜将军,因此,我们时时刻刻都要做好承受失败的准备。失败其实并不可怕,可怕的是失败以后我们没有重新站起来。

对于青少年来说,完全没有必要为考试失利而沮丧,并对自己失去信心。我们可以提醒自己,今天的失败是为了明天更好的胜利。只有拥有了一个好的心态,我们才会打一场完美的翻身仗。

40 忧郁还是不忧郁?

困境中,如果不能很好地自我调节的话,非常容易走向"忧郁"的心理悬崖。那么,你是否是一个忧郁的人呢?让我们来测试一下。

(1)觉得一天之中早晨是最好的。

(2)我对未来抱有希望。

（3）平时吃的都很多。

（4）和朋友们在一块的时候感觉非常高兴。

（5）自己一直都非常聪明。

（6）并没有觉得学习非常吃力。

（7）做出决定是非常容易的一件事。

（8）一直都对一些未知的事物非常有兴趣。

（9）觉得自己是一个很有用的人，可以帮助到别人。

（10）你觉得自己现在的生活充满了乐趣。

答案选择：A.是　B.不是

最后的得分按选B的情况来计算，选B每次加一分。

 心理分析：

6分以上：你是一个非常忧郁的人，经常会为一些小事忧郁，需要好好地调节一下。

6分以下：你的心理状态非常好，没有忧郁的倾向，应继续保持。

情 商 提 点

　　对于每天生活内容都很丰富的青少年来说，只要保持乐观向上的人生态度，有一个广阔的胸襟，就不会产生忧郁的情绪。一旦发现自己有忧郁倾向时，一定要及时和家长、老师沟通，让他们帮忙解决你的情绪问题。

41　甩掉情绪紧张的包袱

　　当我们因为一些烦心事而产生坏情绪时，虽然都懂得"做情绪的主人"这个道理，但是现实中还是很难控制。为什么会这样？因为，这和情绪紧张度有着很直接的关系。

　　你的情绪紧张度是怎样的呢？根据自己的想法，你可以选择"是"或者"否"。

（1）你会不会经常感到不安？

（2）当你在晚上思考问题时候，会不会经常容易惊醒？

（3）你的肠胃是不是不好？

（4）你会不会经常觉得自己全身无力？

（5）你平常是不是经常沉默？

（6）早晨起来是不是精神不太好？

（7）食欲不振时，你宁愿挨饿？

（8）运动时，你是不是会觉得胸闷？

（9）回到家里，你会不会觉得所有的事情都不太顺利？

（10）当想要的东西得不到的时候，你会不会失落？

评分标准：

选"是"得1分，选"否"得0分。

心理分析：

总得分在0—3分之间：

你的情绪非常平稳，只不过平时要注意劳逸结合，并保持健康、良好的状态。

总得分在4—6分之间：

你偶尔会有情绪紧张的情况，但不太严重，在平时要注意采取一些自我心理调节的方法，以此来减缓心理的紧张程度。

总得分在7分以上：

你的心理问题非常严重，容易陷入紧张的情绪中。同时，你非常不容易融入平时的环境中，很容易身心不适。因此你要进行深入的心理健康检查，并在医生的指导下进行心理治疗。

情 商 提 点

初到一个陌生的环境或者是陷入某种困境时，我们是非常容易情绪紧张的。其实，这也是一种比较正常的反应，但是如果发现自己频繁出现这种状况时，我们就需要进行调节了。

舒缓紧张情绪的办法有很多种，比如说我们可以深呼吸，听一些比较轻松的音乐，或者去做一些自己比较感兴趣的事情。

42 测测你是否患有恐惧症

我们都知道，恐惧心理对身心健康非常不利，它会让人的神经受到强烈刺激，从而影响正常的学习。严重时甚至会危及到自己的生命。

那么，你是否有严重的恐惧症呢？根据自己的想法，你可以选择"是"或者"否"。

(1) 一个人会不会害怕待在空旷的街道？

(2) 自己一个人出去时会不会害怕？

(3) 你是否害怕乘地铁或火车？

(4) 你是否会因为感到害怕而避开某些东西？

(5) 你在人多的地方会不会感觉害怕？

(6) 你一个人独处时会害怕？

(7) 你会担心自己在公共场合晕倒吗？

(8) 你是不是不喜欢参加集体讨论？

(9) 让你当众发言你会紧张吗？

(10) 在参加集体活动时你会紧张吗？

评分标准：

选"是"得1分，选"否"得0分。

心理分析：

总得分在0—3分之间：

你的心理状态非常健康，有恐惧心理时也能自己调节好，是一个非常乐观的人。

总得分在4—7分之间：

你偶尔会产生一些恐惧感。这也许是因为之前做事情时失败过，由此产生了某种程度的自卑感，所以才会有这种心理。可是你也不要太担心了，只要进行适当的调节就会没事。

总得分在8—10分之间：

你的恐惧症已经非常严重了，已经到了自己吓自己的地步，应该找心理医生咨询一下。

情 商 提 点

　　每个人都有恐惧的时候，这种情绪会阻碍到我们的行动，甚至导致信心的崩溃。因此，当发现自己有这种恐惧情绪的时候，我们一定要学会调节。

　　克服恐惧一个非常重要的法宝就是要自信，一旦我们相信自己时，心里面自然也就不会害怕了。因此，我们一定要培养自己的自信心，让自己远离恐惧。

---

43 梦里，你最害怕的是谁？

梦中的场景，往往能显示出你的情绪状态。尤其是噩梦，更能体现出你的心态。那么在梦中，你最害怕的人是谁？

A. 对之有愧的债主

B. 长相凶恶的警察

C. 严厉苛刻的老师

心理分析：

　　A. 你是一个非常在乎面子的人，如果有人让你当面难堪，会让你心里非常难受，而且心中会一直挂念此事。可是在自尊心的作用下，你绝对不会在众人面前有任何反应，而是将情绪压抑下来。

　　B. 你对自己的倾诉对象是有选择的，当你确定不会打扰到别人时，才会将心事说出来。也因为你的贴心，别人并不会不乐意，反而非常高兴能够分担你的忧愁。

　　C. 一旦你遇到了烦心事，就会马上想要找一个倾诉对象，而你身边也有几个值得信赖的好朋友，可以分享你的所有心事。

情 商 提 点

  其实,坏情绪并不可怕,关键是我们要找到适合自己宣泄情绪的方式。例如,向别人诉说就是一种非常好的办法。我们可以向父母、朋友或者是老师来诉说,因为他们都是我们最亲近的人。当你吐露出内心这种压抑的情绪之后,他们会给你提供一些好的意见和建议,帮你渡过难关。

44 看看自己是否习惯感情用事

  遇到事情,我们是遵从自己情感的意愿,还是理智地处理问题?其实这两种处理办法各有好处,关键是你要把握好度,不能过度地感情用事。通过下面这几道题,来了解一下自己是不是一个感情用事的人。

(1) 下面哪种人是你比较欣赏的?

A.设计各种风格高楼大厦的建筑师

B.不确定

C.知识渊博的教授

(2) 你喜欢阅读什么书籍?

A.各种自然科学书籍

B.不确定

C.哲学与政治理论书籍

(3) 下面这些活动中,你最喜欢什么?

A.手工活

B.不一定

C.音乐

(4) 通常情况下,你愿意:

A.指挥别人

B.不确定

C.和别人一起

(5) 你一向热衷于阅读哪种书籍?

A.军事类的东西

B.不一定

C.关于情感类的一些作品

（6）如果让你选择未来，你想做一个戏剧工作者吗？

A.是的

B.不是的

C.不确定

（7）你喜欢的音乐类型是：

A.抒情的

B.轻松活泼的

C.介于抒情和活泼之间

（8）你是不是经常会陷入幻想？

A.不是

B.不一定

C.是这样的

（9）如果是一个很有文化的人犯了罪，你会不会感到非常气愤？

A.是的

B.不确定

C.不是的

（10）下面两种课程你最喜欢的是：

A.数学

B.语文

C.都不是

评分标准：

选A得0分，选B得1分，选C得2分。

心理分析：

总得分14—20之间：

你是一个非常喜欢感情用事的人，平时在考虑问题时有点不切实际，缺乏耐性与恒心。如果是在小组中，你的这种情绪很容易降低所有人的效率。

总得分10—13之间：

你是一个比较理智的人，很多问题都可以比较冷静客观地解决，可是有时候难免还会出现感情用事的情况。

10分以下：

你是一个十分理智的人，一直都能比较客观冷静地处理问题，不是一个喜欢幻想的人；喜欢严格按照规则来处理问题，可能有时候会显得比较呆板，甚至清高孤傲，看上去不太灵活。可这并不妨碍别人和你交往。当你在指挥别人时，常常会给人一种信任感。

理智与情感总是非常矛盾的，每个人都习惯凭借自己的情感处理问题，可那样的话往往会在以后又后悔，悔恨当初没有理智地处理问题。所以对于青少年来说，我们要学会驾驭自己的感情，不要受感情的困扰，在情绪不稳定时，学会让自己冷静下来。

45 做游戏，看情绪

星期天，我们可以和自己的家人朋友一起聚餐、游玩等等。这个时候我们总是会做一些集体活动来活跃氛围。而在玩游戏的过程中，我们也可以发现一个人的情绪状况。

例如，在杀人游戏中，你最喜欢扮演的角色是什么？

A.法官

B.平民

C.警察

D.杀手

心理分析：

A.做事情时，如果是你非常喜欢的，你就会非常有自信；如果是在一个比较陌生的环境中，那么你的表现就不会那么积极了，甚至有点格格不入。

B.你非常的贴心，很会照顾别人，在团队中十分乐意奉献，周围的同学都非常待见你。

C.无论是在什么场合，你都想成为最受别人瞩目的那个。但当你发现事实不是这样的时候，你的情绪马上就会低落下来。

D.你觉得自己总是缺少关注，没有人关心自己，更别提有人会理解自己了。

做游戏时是我们最放松的时候，也是最容易展现真实自我的时候。因此，我们可以经常和朋友玩一些小游戏，以此来了解自己，了解别人，这对纠正自己的坏脾气、提高自己的沟通能力是非常有帮助的。

46 为什么我们总是烦躁？

青少年经常会因为这样那样的原因而产生烦躁的情绪，如果没有及时调节，就会对身心健康产生非常不利的影响。那么，你是否有烦躁的情绪，你清楚自己因为什么而烦躁吗？下面，就让我们来测试一下吧。

小时候，父母经常会用鬼故事吓唬小孩子睡觉，你觉得下面最吓人的是什么？

A. 青面獠牙的妖怪

B. 老鼠

C. 童话里的独眼怪兽

D. 女鬼

 心理分析：

A. 你平时的主要压力就来自于学习的压力，因为感觉责任重大，所以总是会有很多的烦恼。

B. 老鼠的特点就是：处于不安的现状中。由此可见，你平时的烦恼主要来自于生活。可能你过得不尽如人意，或者总有一些乱七八糟的事情影响你的心情，所以你要想办法来改变自己的生活。

C. 独眼怪兽是神话中虚构出来的东西，所以在人们看来是没有办法战胜它的。由此可见你现在最烦恼的问题就是人际关系，它让你总是感觉无从下手。

D. 你烦恼主要来自于情感问题，包括亲情和友情。因为你情感细腻，所以才会总是有这么多的烦恼。建议你敞开胸怀，平日里少胡思乱想，自然也就不会有那么多烦恼了。

莫名其妙的烦躁，是我们每个人都会出现的坏情绪。其实，很多时候我们产生烦躁情绪都是有原因的，只是我们有时不愿意面对这些原因。要想让自己摆脱烦躁情绪，我们就必须勇敢面对一些事情，正视那些让自己心烦的事情。只有这样，我们才能从坏情绪中走出。

47 你是一个具有消极情绪的人吗？

遇到困难不可怕，可怕的是我们因此而变得消极。那么，你是不是一个面对困难就出现消极情绪的人？假如，有一天因为补习功课你很晚才回家，这时候公交车站和地铁早就没有了，你会怎么办？

A. 坐出租车回家

B. 打电话让家人来接你

C. 一直待在原地等着，说不定会有过路车

 心理分析：

A. 消极指数：50

你做事情时有非常强的逻辑性，处理事情时一般都会采取保守的办法，所以很少出现消极的情绪。但是，你也不够积极。如果害怕失败而不肯求新求变，很可能机会就会从自己身边悄悄溜走。

B. 消极指数：40

遇到事情时，其实你可能并没有能力去解决，可是你却能够想出一些奇奇怪怪的办法，但实际上这不过是碰运气罢了。一定程度上来说，你是不喜欢主动思考的。

C. 消极指数：90

你是一个非常消极的人，总以为会天上掉馅饼，而且总把希望寄托在别人的身上。其实更多时候，你应该主动地去想一些解决问题的办法，改变这种依赖别人的习惯。

　　遇到困难时，如果我们用消极的态度对待它，就会导致我们越来越消沉，只会退步，不会进步。其实此时此刻，我们欠缺的只是一些勇气。有时候，勇敢的一拼也许会给我们带来意想不到的收获，越是困难时，我们就越需要为自己加油鼓劲。

48 此刻，你的情绪是怎样的？

　　一个简单的心理测试，不仅可以让我们了解自己当下的心理状况，还可以帮助我们推断出自己的心理常态，从而做到对症下药。接下来的这个测试就能达到这个目的。

　　下面的哪种树木是你最喜欢的？

　　A.灌木丛林的矮树

　　B.茂密高耸的大树

　　C.雪地里的松树

　　D.没树叶的树

　　E.被狂风吹斜的树

心理分析：

　　A.你在生活中是一个非常悠闲自得的人，但举止总是规规矩矩，不敢向前一步。可是就算这样，你还常常会有一些不安的情绪，唯恐自己什么地方做得不对而铸成大错。

　　B.你是一个做事不够果断的人，在解决问题时总是不能干净利索地解决，以至于你通常会把自己置于无尽的烦恼中。

　　C.你是一个乐天派，向往自由，就算是在一个非常糟糕的地方，仍然能够找到让自己快乐的东西。

　　D.你多愁善感，非常容易受到别人情绪的影响。不过，你有很深的艺术造诣，往艺术方面发展还是有很大的潜力的。

E.你有着很强的反抗精神，在人际交往中非常容易与别人发生矛盾。因此，你一定要注意及时地调节自己的这种心理，否则身边最好的朋友也会离你而去。

情 商 提 点

我们的心理状态往往会影响到做事的方式和效率，因此，我们平时需要经常了解自己心理的状态，这样才能够及时地发现问题，解决问题。

比如说，当发现自己情绪比较低落时，我们一定要注意及时的调节。如果是经常和同学们发生矛盾的话，说明自己的交流方式也许出现了问题。总之，只有认清自己的情绪特征，我们才能更好更快地进步。

你有怎样的脾气？

每个人都有自己特有的脾气，你清楚自己的脾气是什么吗？

在一条比较繁华的街道上，你一个人正在漫无目的地闲逛，突然你看到一个穿着邋遢的小孩正手提着一大堆行李，而走在他前面的母亲却什么都没有拎。看到这个情景你心里面会有什么想法？

A.这个孩子实在是太可怜了。

B.母亲在锻炼这个孩子。

C.看起来她不注重对孩子的教育。

D.肯定是孩子太调皮了。

心理分析：

A.你是一个情感细腻的人，就算是对什么都不满也不敢说出来，喜欢理性地解决问题，尤其反对暴力行为。

B.你的自主意识比较强，干什么事情都喜欢遵从自己的主观意愿，甚至会有一点叛逆，随时都有可能会爆发出来。同时，你的身上缺乏宽容的意识，所以平时要多学会忍耐。

C.你是一个非常温顺的人，如果不是事情超过了你的忍耐限度，一般情况下你是不会爆发的。不过如果一旦爆发，也是非常可怕的。

D.你平时总是非常谨慎地处理问题，可是做起事情来却喜欢按照自己的意愿来。这种行为，可能会让别人误以为你有点自大，所以平时的人际关系也不是太好。

　　每个人都会有自己比较突出的情绪，我们需要清楚地了解自己的情绪，这样才能够做好随时应对一切情况的准备。

你的情绪究竟是怎样的？

　　在日常生活中，情绪对我们的影响非常大，直接关系着我们处理事情的方式和态度。只有清楚地认识了自己的情绪类型之后，我们才会有目的地控制情绪，尽量避免它对我们产生影响。下面，就让我们来测试一下自己的情绪类型吧。

　　请你如实回答下面的问题：

　　(1) 对于自己犯的一些错误你是否后悔过？

　　A.是的，一直都是这样

　　B.有时候会后悔

　　C.从来都不后悔

　　(2) 你比较喜欢什么样的生活环境？

　　A.很多人在一起

　　B.人比较少的环境

　　C.只有自己

　　(3) 你会不会莫名其妙地有害怕的心理？

　　A.经常会这样

　　B.时不时地会

　　C.从来都不会这样

　　(4) 在看感情剧时你哭吗？

　　A.经常会

　　B.有时会

　　C.从来不会

(5) 你在去吃饭的路上看见有一个人正在哭，你会怎么办？

A. 想去安慰一下，可是很难说出来

B. 询问他有什么可以帮助的

C. 赶紧离开，不管不顾

(6) 当别人称赞你时你会有什么反应？

A. 会觉得非常尴尬

B. 内心会警惕起来

C. 听着非常高兴

(7) 如果你在街上遇到许久不见的老同学，你会有什么动作？

A. 招手问好

B. 与他们微笑、握手和问候

C. 会给他们一个大大的拥抱

(8) 你平时是怎么处理自己的信件的？

A. 看完之后就给扔了

B. 很可能会保存很长时间

C. 每过两年就会处理一次

(9) 当你到朋友家去做客，看到他们父母吵架时你会怎么做？

A. 觉得很不好意思，可是又不知道该怎么办

B. 立刻离开

C. 开始劝和他们

(10) 你和一个比较害羞的人说话时是什么状态？

A. 会觉得非常不安

B. 会逗逗对方

C. 不太乐意和这种人说话

(11) 你去看演出，看到特别好看的节目时，你会怎么做？

A. 非常用力地鼓掌

B. 勉强鼓一下掌

C. 非常别扭地跟着别人一起鼓掌

(12) 当你的朋友误解你、生你的气时，你会怎么做？

A. 赶紧向朋友解释

B. 让朋友自己理解你

C. 什么也不会说

(13) 你喜欢交什么样的朋友？

A. 看上去有点弱势

B. 年龄比自己大一点的

C. 和自己说得来的同龄人

(14) 什么类型的书是你最喜欢的？

A. 史书传记类

B. 社会类

C. 玄幻类

(15) 当你出去旅游时，你最在乎的是什么？

A. 平安就好

B. 尽情地欣赏那些美丽的自然风光

C. 希望能够到更多的地方去逛一逛

得分表

题号 选项 得分	(1)	(2)	(3)	(4)	(5)	(6)	(7)	(8)	(9)	(10)	(11)	(12)	(13)	(14)	(15)
A项得分	3	3	3	3	2	2	1	1	2	2	3	3	3	1	1
B项得分	2	2	2	2	3	1	2	3	1	3	1	1	1	2	3
C项得分	1	1	1	1	1	3	3	2	3	1	2	2	2	3	2

心理分析：

总得分在15—25分之间：

理智型。你是一个非常冷静的人，有很强的执行力。因为太过冷静，又难免会给人一种比较冷血的感觉，所以说你的情感生活是比较平静的。其实，你应该多放松一点。

总得分25—35分之间：

平衡型。你的情绪是比较平稳的，很少感情用事，在比较糟糕的事情面前，可以很努力地克制自己的感情，争取从冲动的情绪中冷静下来。通常你不愿意跟别人争论，人际关系相处得也很融洽。

总得分在35—45之间：

冲动型。你是一个非常情绪化的人，与人交往时，你十分随和、热情，可是有时候又非常容易多愁善感。在一些困境面前，你往往不能克制自己，所以你的生活中总是会有很多的麻烦，也很难听进去别人的意见。

情 商 提 点

　　情绪有好有坏，好情绪可以帮助我们更好更快地解决问题，而坏情绪则会在我们解决问题时雪上加霜。要想控制和改变自己的情绪，我们首先要对自己的情绪有一个清醒的认识。而青少年时期，正是情绪改变的好时期，如果确实是经常有一些不好的情绪，我们应该正视这些问题，再去想办法控制，不要让这些坏情绪成为我们前进路上的绊脚石。

第3章

EQ

不被冲动迷了眼

　　每个人都有冲动难忍的一刻。心理学家说，因愤怒而冲动的一刻，智商为零。因此，在这种负面情绪的影响下，我们经常会做出一些自己原本并不想做的事情，可等冷静下来时，我们就会陷入无尽的懊恼之中。你是一个容易冲动的人吗？赶快进入本章来测试一下吧。

51 你的进取心会不会令你冲动？

凡事都有一个由量变到质变的过程，所以我们一定要循序渐进，切不可急功近利。尤其是当我们非常上进，太过于执着于早点完成任务时，这是我们心境最为浮躁的时候。那么，你在这种情况下会过于冲动吗？

假如你家住在二楼的左侧，有一天，你要出门去倒垃圾，你的左边是一个窗子，而楼上和楼下都各有一个垃圾道，在二楼的最右边也有一个垃圾道，你会到什么地方倒垃圾？

A. 从自己所在的位置一直向右走，去那里倒

B. 下楼到下面那个垃圾道去倒垃圾

C. 上楼到上面那个垃圾道去倒垃圾

D. 直接从身边的窗口爬出去倒垃圾（从那里可直接到垃圾道）

心理分析：

A. 你不喜欢生活有太多的变化，比较喜欢安稳一点的生活，所以你的进取心并不高，也就不会出现因此而冲动的事了。

B. 你是一个比较懒惰的人，希望自己可以省力气，但是不考虑还要回到原先的位置所需要付出的力气。这是因为你的态度不够端正，总想着敷衍了事。

C. 你有很强的进取心，可内心也比较浮躁，极有可能在冲动的情绪之下做出一些出格的事情。

D. 你是一个比较喜欢追求刺激的人，几乎到了让人觉得不可思议的地步。你总觉得平凡的生活太过单调了，想要一点充满变化的生活。

情 商 提 点

遇事容易冲动，是一种非常不好的行为，因为在冲动的情况下，人们通常不能冷静地分析问题，这样在处理问题时也会显得有些武断。我们要学着改变遇事冲动的毛病，锻炼自己的镇定能力以及分析问题的能力。只有这样，我们才能正确对待和处理生活中遇到的问题。

52 急性子的你是怎样等人的?

每个人都有等人的经历，从等人的过程中，我们就可以看出来一个人是不是急性子。那么，当你在等人时一般是什么表现?

A.一直在不停地来回走动，并不停地搓着双手

B.一直在看手上的表，立在原地不动

C.把两只手臂搭在自己的胸前，不耐烦的样子

D.总是向远处观望，手插入口袋中

心理分析:

A.你是一个标准的急性子! 你做事情时总是十分慌忙，虽然你看上去总是精力充沛，可是往往会因为急躁而出现问题，因此你身边的同学都对你有一种不太放心的感觉。比如说在和朋友交往的过程中，你常常会因为心直口快而伤害到朋友的感情，可能这时候你还没有察觉到，所以你总是建立不了长远的友谊。

B.你是一个非常有耐心的人! 在学习的时候非常认真，对朋友也是非常上心，所以说你的人际关系还是非常不错的。

C.你很懂坚持，同时也非常注重运用策略的实施，做事情常常可以达到自己的目的。

D.你好像缺少点原则。你不是一个急性子的人，而且非常有耐心，你对家人和朋友既温柔又体贴。可是有时候你又太容易宽容了，原则性不强，不能够很好地坚持自己的意见，这时候你就显得有点太过懦弱了。也正因为如此，身边的人总是会欺负你。

情商提点

在紧急情况下，人很容易出现急性子的行为，虽然说出发点可能是好的，可是如果做事的方式太过急躁，不但不会让事情得到快速的解决，还有可能会恶化事态的发展。

对于青少年来说，尤其是在学习的过程中，我们既要合理地利用时间，又要非常认真。俗话常说"欲速则不达"，当我们急躁时，要注意提醒自己慢下来。

53 你是一个被冲动青睐的人吗？

我们常说"冲动是魔鬼"，当失去理智时，人们很可能会因为冲动而做出一些出格的事情。那么，你是不是一个冲动的人？

（1）游泳是不是你的爱好？

不，因为我有一点怕水——到第二题

喜欢，游泳是一项非常好的运动——到第三题

（2）如果你现在必须要找人问路，你会选择：

同性或者是年龄比较大的人——到第四题

找长相比较好的异性来问——到第五题

（3）如果你在出门时天正好在下雨，你会：

一定要坚持出门——到第四题

等天晴之后再出去——到第七题

（4）在炎热的夏季，如果这时候眼前出现一杯清凉的饮料，你会：

一口气就喝完——到第八题

会慢慢地喝——到第六题

（5）如果你遇到一个车祸，你可能会：

心里面有一些不舒服，可是还要继续留在那里看——到第六题

觉得太恶心，肯定转身就走——到第七题

（6）如果不用考虑经济因素，你会怎么穿衣服？

要买一点比较好的衣服，但不会刻意追求名牌——到第九题

肯定会买名牌，因为名牌的衣服最有保证——到第十题

（7）你会不会常常忘了钥匙放在哪儿？

是的，经常这样——到第九题

很少这样，平时会特别留意——到第十一题

（8）如果你最好的朋友和别人走得近，你会？

非常难过，有一种遭受背叛的感觉——到第九题

对自己不会有很大的影响——到第十题

（9）你是否有美术天赋？

一点都没有——A型

有，虽然没有经过专业的训练，但是还是有美感——到第十题

(10) 你在看电视时会不会非常投入？

是，明明知道是虚构的，可还是会非常专注地看——C型

其实平时让我感动的剧目非常少——到第十一题

(11) 只有你一个人在家时，你会穿什么衣服？

因为没有别人，所以自己会穿得非常随便——B型

还是非常注重自己的外在形象的——D型

心理分析：

A型：很理智的人。

你在做事情时非常理智，每件事情都会仔细地思量，可是因为考虑的太多，连该做的事都没去做。你的冲动指数并不高，可是非常容易受到别人的影响。

B型：外冷内热的人。

在刚接触你时，你给人一种非常严肃的感觉；当对方觉得你可以信任时，你会把所有事情都告诉别人。所以你是那种只要和你亲近，就非常容易冲动地做出一些行为的人。

C型：活泼开朗的阳光型人物。

你的个性非常开朗，喜欢帮助别人。你会在冲动中说出来一些原本不应该说的话，所以朋友都会慢慢知道你是一个随便就开口的人，就不会随便给你说什么了。

D型：很善于思考的人。

你是一个非常喜欢思考的人，言行举止都经过非常慎重思考，所以你是一个非常不容易冲动的人，是你身边的朋友可以信任的人。可是，有的时候你可能会因为防御心太强，而让你身边的朋友对你望而却步。

情 商 提 点

冲动是一种非常常见的心理状态。每个人都有冲动的时候，当发现自己有这种状态时，回避是没有办法解决问题的，我们要做的就是勇敢面对，然后纠正这个问题。而要想学会理智解决问题，我们不仅需要时常给予自己一些心理暗示，同时还需要从内心深处了解冲动的弊端，学会冷静地思考问题，让冲动远离自己。

54 你是不是一个"炮筒子"

对于那些日常生活中脾气比较暴的人，我们统称为"炮筒子"。那么，你现在到了"炮筒子"的地步了吗?

根据下面测试题中发生的状况及自己的真实反映，你可以选择回答：

A. 一点都不会生气

B. 虽然心里边很烦，但是还是不会太生气

C. 会有一点生气

D. 会十分生气

测试题：

(1) 你在接水时别人碰到了你，把水都撒在了你的身上。

(2) 你非常贵的衣服被钉子挂了一个洞。

(3) 朋友把你一本限量版的书拿走了，却一直不还给你。

(4) 当你把一个新买的电水壶拿回去用时，才发现它是一个坏的。

(5) 明明是他人犯的错，可是老师却批评了你。

(6) 很多人都在嘲笑你。

(7) 你坐的车陷入了泥潭。

(8) 你身边有些同学是非常虚伪的。

(9) 你马上要去参加非常重要的考试，可是在路上堵车了。

(10) 你和别人打招呼时没有人理睬你。

(11) 你和朋友一起去餐厅吃饭，被多要了钱。

(12) 其实你考得已经很不错了，可是父母还是因为一点小错误狠狠地批评了你。

(13) 你在生病时给朋友打电话，可是一直正在通话中。

(14) 你思考问题时，你身边的同学打扰到了你。

(15) 明明是对方做错了事情，可是还是一直在你面前狡辩。

(16) 你骑车摔倒时，引起了路人的嘲笑。

评分标准：

选 A 得 0 分，选 B 得 1 分，选 C 得 2 分，选 D 得 3 分。

心理分析：

总得分在32分以下：

你不太容易发怒，那些小事都不足以激怒你，周围的人总是称赞你的好脾气。

总得分在33—43分之间：

生活中会有不少的问题可以激怒你，但你的反应并不过激。

总得分在44—50分之间：

你发脾气的频率是非常高的，回过头来想想，其实很多时候都没有必要。

总得分在51分以上：

你就是一个典型的"炮筒子"，随便有点小事就能激怒到你，这把你的优点全都掩盖住了。可能你在某些方面有一些心理障碍，最好找心理医生咨询。

情 商 提 点

　　那些易怒的人往往不能非常冷静地解决问题，这不但不能够解决问题，还会让问题朝着更坏的态势发展。所以，当发现自己有成为"炮筒子"的倾向时，我们一定需要提醒自己好好地冷静下来，仔细思考问题出现的原因，而不是只顾着宣泄自己的情绪。

55 画只眼，揭露你性格的残酷面

你了解自己性格里面残酷的那一面吗？从下面的测试中你也许能够找到答案。

请在一张正面的脸形中描出双眼，你会画出一个什么类型的眼？

A. 小眼

B. 普通大小的眼

C. 细长眼

D. 圆眼

A.你是一个善于隐藏自我的人，可是一旦遇到了可倾诉的对象，便会将内心世界全盘托出。

B.你常常喜欢自寻烦恼，总是会给自己找许多的问题，思考的问题非常多，把自己置身于无尽的烦恼中。

C.对于那些比自己强硬的人，如果他们犯错的话，就会给予非常严厉的批评；但如果是那些没有自己强势的人受到欺负，你也会挺身而出见义勇为。

D.这种人表面看起来非常温顺，实际上却是一个很苛刻、残酷的人，同时这种人是非常值得信赖的。

情 商 提 点

　　每个人的性格都会呈现出温和的一面和残酷的一面。通常，残酷的一面我们会隐藏，只偶尔才展现出来，但即使这样，也会对自己的学习和生活产生坏的影响。所以，我们要注意尽量压制自己残酷的一面。例如，发怒时数数，深呼吸；悲伤时找事情做，转移自己的注意力。总之就是尽量不要给自己展现残酷的机会。

你总是陷入生气的情绪中么？

　　每个人都有生气的时候，当内心的坏情绪积蓄到了一定程度时，适当的爆发可以缓解内心的压力。可是，我们一定要把握好一定的尺度，频繁地生气会影响到我们的身心健康。

　　通过下面的测试，你可以了解一下自己是不是一个爱生气的人。

　　(1) 在别人因为一些事情向你发脾气时，你会：

　　A.想办法平息或者是干脆走开

　　B.先听他因为什么生气，然后等他冷静下来好好谈谈

　　C.每个人都有发脾气的时候，这没什么

　　(2) 在你受到伤害时你会怎么做？

A. 不会把它告诉别人

B. 如果有必要的话就要说出来

C. 马上就说出来

(3) 遇到让人非常生气的事情时：

A. 我什么都不会说，好像变得不是我一样

B. 我会让自己尽量平静下来，争取用有效的方法去解决问题

C. 我会大吼出声，让所有的人都了解我生气的原因

(4) 在你遇到困难时，你是否会把怒气发泄在离你最近的人身上？

A. 不会

B. 尽量不这样

C. 经常都是这样

(5) 和家里人闹矛盾的时候你会摔东西吗？

A. 不会这样

B. 吵架的话就会这样做

C. 有的时候会这样，但会极力控制自己

(6) 在学校你向老师和同学发过脾气吗？

A. 没有

B. 有过，对老师

C. 有过，对同学

(7) 如果有人要求你和一个你不喜欢的同学一起做一件事情，你会：

A. 不会参加

B. 不愿动怒，而且迁就他

C. 一起做，但会明确地告诉不喜欢的同学什么地方做得不对

(8) 你觉得吵架是有损感情的行为吗？

A. 是的

B. 有可能

C. 不会。

评分标准：

选A得0分，选B得1分，选C得2分。

心理分析：

总得分在0—5分之间：

你是一个很少生气的人，因为你的性格内向，不愿将自己的内心表露出来。你不

仅自己不愿意生气，同时也不愿意别人生气，向往比较平静的生活。

总得分在6—11分之间：

你的脾气总得来说是比较平稳的，冲动的时候非常少。因为你希望自己是有理性的人，所以会压制自己的脾气，不让自己把生气的感觉强烈地表现出来。

总得分在12—16分之间：

你是一个非常容易生气的人，可以说是一触即发。你总是过分关注于一些细节问题，有时会无法抑制自己的情绪。因为你的这种情绪状态，导致很多人不愿意和你接触。

　　每个人都有生气的时候，只是有些人只在特殊情况下生气，而有些人则是把生气当成了家常便饭。喜欢生气的人，经常会因为情绪失控而伤害身边的人，甚至使他们因此而疏远你，同时也使自己的身心受到伤害。

　　所以，喜欢生气的人应该学会反思，改改自己的坏毛病，尤其是身处校园的学生，更不能因为自己的这个坏毛病而影响学习和与同学们的人际交往。

57 冲动指数，我们必须了解的常识

　　如果将冲动的可能性划分成几个等级的话，你知道自己属于哪一级吗？赶紧来测试一下吧。

（1）如果你在一段时间里接二连三的受到打击，你会觉得无法承受吗？

A.不会

B.会

（2）就算是别人来反对你的观点，你还是会笑着给他解释吗？

A.会

B.不会

（3）你觉得容不容易结交新的朋友？

A.容易

B.不容易

（4）别人未经你的同意拿走了你的东西，你会很长时间都不高兴吗？

A. 不会

B. 会

（5）当你手头上很重要的功课没有完成时，你会非常着急吗？

A. 会

B. 不会

（6）就算是经历过很多次的失败，你也不会失去再次努力的信心吗？

A. 不会

B. 会丧失信心

（7）你会在有百分百把握时才决定去干一件事情？

A. 不是

B. 是

（8）如果街上有了某种流行性疾病，你觉得你会不会出现那种症状？

A. 会

B. 不会

（9）你会以牙还牙吗？

A. 会

B. 不会

（10）当你有闲暇时间时，你就想看小说和报纸吗？

A. 是的

B. 不是

评分标准：

选A得1分，选B得0分。

心理分析：

总得分在7分以上：

你的性格十分开朗活泼，给朋友们的感觉就是乐意助人，非常善良，但有时候因为过分随意，往往容易说出一些不该说的话。

总得分在4—6分之间：

你从表面上看上去非常严肃，但是一旦建立良好的沟通之后，是一个什么都敢说的人。所以，其实你的防御性很低，非常容易信任别人。

总得分在3分以下：

你的防御心极强，考虑问题时会想得比较多，所以你很少有冲动的时候，无论做什么事情都会仔细合计之后再作决定。

情 商 提 点

　　一个人的情商高不高，从他的冲动指数便可以看出来。冲动指数高的人，防御心不强，常常会因为别人的几句话就贸然行事；而冲动指数低的人则刚好相反，他们防御心强，不易于被他人鼓动，但是人际关系有时也会因此而受到影响。其实，这个两种情况应该综合一下，这样我们在做事情时就不会太冲动，又不会太优柔寡断了。

58 你的心机指数究竟有多高？

　　生活中，我们常常会说一个人心机很重，另一个人非常单纯。那么在别人看来，你是一个非常有心机的人吗？

　　如果朋友当众讲了一个发生在自己身上的笑话，你会有怎样的表现呢？

　　A.没有一点顾忌的大声笑。

　　B.想忍却没有忍住，嗤嗤地笑了出来。

　　C.捂着嘴巴笑。

　　D.干笑或者是冷笑。

 心理分析：

　　A.心机指数为40%。你的心思比较单纯。如果是自己很喜欢的事情，或是自己坚持的观点和想法，不管是别人想说什么，你都不会改变自己原来的办法。同时，只要是自己不喜欢的人，那么你无论如何也不会和人家交流的。

　　B.心机指数为60%。可以说你是一个非常善良的人。每当朋友们遇到困难时，你总是毫无怨言地予以帮助。不过，你往往容易在这个时候忽视了你自己的需求，为了别人牺牲自己。

　　C.心机指数为70%。你不喜欢倾诉，什么都喜欢压在心里，从来不会轻易地说出来。虽然你总是这样做，但其实你很渴望别人能够理解你。

　　D.心机指数为90%。你是一个非常有心机的人，在人际交往中总是希望能够控制别人，时刻考虑的都是自己的利益。在别人的眼里，你是一个厉害的人，所以大多数时候他们都会选择远远地离开。

　　心机重不重，对我们日常交际有很大的影响。心机稍重的人，或许会藏有很多心事，但是不会轻易得罪人；而相对单纯的人，则总是大大咧咧，不经意间就会得罪别人。所以，在与同学或者他人交往时，我们要做到适度，不能一味地只考虑自己算计别人，更不能一味地妥协退让，让自己吃亏。

 59　固执心理在你的身上有多少？

　　我们常说，成大事者必定坚持，就算是遇到挫折我们仍然不能轻易放弃。可是我们还知道，坚持与固执就在一念之间，而这一点恰恰决定了我们的情商高低。

　　那么，你是否是一个固执的人呢？

　　（1）你是不是从来都是高标准地要求别人？

　　（2）如果别人给你带来了麻烦，你会不会责备别人？

　　（3）觉得很多人都是不可信的？

　　（4）经常会冒出一些比较奇怪的想法？

　　（5）发脾气时总是控制不住自己？

　　（6）觉得别人不了解你，也不同情你？

　　（7）觉得别人没有公正地评判你？

　　（8）觉得身边的人总想占你便宜？

　　评分标准：

　　选"没有"得1分，选"很轻"得2分，选"中等"得3分，选"偏重"得4分，选择"严重"得5分。

　　心理分析：

　　总得分在10分以下：

你一点都不固执，是一个心平气和的人，在处理事情时能够好好地解决。

总得分在15分—24分之间：

你有一点固执，但是不太严重，只要适当地进行调节，很快就可以调节过来。

总得分在25分以上：

你有着严重的偏执倾向，几乎处理所有的事情都这样，只要是自己认定的，不管是对是错自己都要坚持走下去。这种心理是不健康的。

情 商 提 点

　　固执有好的一面，也有坏的一面。好的一面就是不会轻易放弃自己的想法，是一个执着的、持之以恒的人。而坏的一面，就是太过死板，即使方向错误也要硬着头皮走下去。要想把固执都用到好的一面，就需要我们冷静地对待自己的行为，客观地分析一下对错，这样我们才不会做出太出格的事情。

60 你能做到随机应变不冲动吗？

　　生活总是会有意外发生，当意外突然降临时，我们会采取什么样的解决办法呢？你是否具有处理突发状况的心理素质？让我们通过一件生活中的平常事，来看看你的真实心理吧。

　　星期天，你运动了半天之后非常的渴，这时候你赶紧打开冰箱拿出一瓶饮料就喝了起来，然后才注意到有效日期截止在两个月之前，这个时候你接下来会怎么做？

　　A.赶紧扔掉，防止家人喝到

　　B.要把自己刚才喝的都想办法吐出来

　　C.照样还是要喝下去

　　D.赶紧去医院检查一下

心理分析：

　　A.你是一个思维非常敏捷的人，遇到事情可以很快作出反应，就算是那些再突然的危机出现，你都能够非常恰当地处理，而且能够顾及到别人。

B.对于你来说，一般的问题还是能够处理的，但是面对突如其来的危险，可能考虑问题时还不够全面，而且行动起来也不是非常的恰当，因此成功率不高。建议你想办法提高自身素质。

C.你看上去大大咧咧，但是有时候会关注一些细节情况。你在意外面前表现得还是非常冷静的，也可以比较理性地处理，因此不容易受到伤害。

D.你有点神经质，发生一点小事就会大惊小怪，更别说是承受更大的压力了。而且，当危险来临时，你也常常会出现杞人忧天的状况，这让身边人总觉得你是一个非常胆小的人。

情 商 提 点

应变能力强的人，往往能够在突发事件面前做到临危不乱，处变不惊，而且还能以最快的速度找出应对的办法。如果你也想要做一个这样的人，那么在日常的学习和生活中就要培养自己冷静思考的能力，凡事不要慌乱，只有理清头绪才能把问题解决好。

你是一个气量大的人吗?

你是一个胸怀宽广的人吗？在你同学眼中，你是一个什么样的人？他人对你的评价你认为是否属实？如果你自己也不太确定的话，就赶紧利用这次特殊的"森林偶遇"来测试一下你内心的真实想法吧。

如果你一直向树林深处走去，你觉得自己可能会遇到什么？

A.土人

B.仙女

C.人

D.动物

心理分析:

A.你十分擅长于人际交往，只要给你充足的时间，你对所有的事情几乎都可以宽容。

B.你是一个非常自我的人，总觉得自己说的永远都是真理。因此，一旦别人冒犯了你，你就会揪住不放，不肯宽容别人。

C.你的心胸十分狭窄，别人一旦说错了话，或者做错了事，你是无论如何也不会宽容的。

D.你是一个很好相处的人，在你看来，只要对方不是犯了特别不可饶恕的错误，你都可以原谅对方。从另一方面来看，这可能会助长别人的行为。

情商提点

一个胸怀宽广的人，总会因为自己的宽容，为自己聚集许多人气。反之，总是和别人冲突的人，自然会遭到一致的排斥。当然，我们也必须把握好这样一个度：既要做一个胸怀宽广、懂得包容他人过错的人，又不能因为自己的好心而纵容他人的不良行为。

62 从处理废品情况看你是否冲动

马上就要岁末了，你需要把家里的东西整理一下，下面的这些东西中你最先处理的会是什么？

A.过期的旧书杂志
B.体积过大的老电器
C.零零碎碎的小东西

心理分析：

A.你是过于求稳的人，在处理问题时比较谨慎，属于保守派的做法。虽然看上去比较稳妥，但是缺乏创新的精神。其实有的时候应该换一条思路去思考问题。

B.你是一个非常冲动的人，在考虑问题时，总是非常莽撞地下决定，以至于你经常在后悔中过日子。

C.你是一个介于求稳与冲动之间的人，考虑问题比较全面，就算是花零花钱，你也要给自己制定一个详细的理财计划，是一个非常认真的人。

情 商 提 点

在日常生活中，我们都会因一时冲动就买许多东西或者扔掉许多东西。从表面上看，这是个只关乎冲动的事情，但其实它却能够反映出你对待学习和生活的态度。

例如，你冲动买东西或者扔东西时，证明你是一个贪图一时痛快的人，而当你总是经过深思熟虑，才决定要或者不要某些东西时，则证明你是个相对严谨的人。

因此，当你想成为后者，就要学习在生活中克制自己的冲动个性，做事之前一定要学会深思熟虑。

EQ

走出挫折的迷宫

第4章

人生之路从来都不是一帆风顺的，总是不可避免地会遇到一些绊脚石。既然我们没有办法避开它们，为什么不选择坦然面对呢？想要走出挫折的迷宫，既要有顽强的毅力，又要有十足的勇气，你能做到吗？

63 学会乐观地面对问题

面对挫折，我们最需要做的是摆正心态。一个乐观的心态往往可以事半功倍，那么，你是否是一个乐观的人呢？

请用"是"或"否"来回答以下各题。

(1) 如果有人半夜敲门的话，你觉得是不是有坏事发生了？

(2) 你平时会不会准备一把备用钥匙？

(3) 你的包里会不会随时带一把伞？

(4) 你觉得保险重不重要？

(5) 你平时会不会把你的贵重物品保存得非常好？

(6) 出去度假时你会不会备一些常用药品？

(7) 如果医生叫你做一次身体检查，你会不会觉得自己真有病了？

(8) 和家人出去旅行时你会不会建议买保险？

(9) 你平时会不会给自己找一个竞争对手？

(10) 你有没有梦见过你实现了自己的梦想？

评分标准：

选"是"得0分；选"否"得1分。

心理分析：

总得分在0—3分之间：

你是一个标准的悲观主义者，看什么事情都只看到消极的一面。因为总是担心失败，你甚至不愿意去尝试。在这种状态下，你很容易对所有事情都失去信心，自然也就不会进步了。

总得分在4—7分之间：

你有比较正确的人生观，一般情况下都能够以积极的心态去面对一些问题，可在应对一些大事件时，你还是缺乏魄力，需要在这方面加强锻炼。

总得分在8—10分之间：

你是一个十分乐观的人，总是能够看到事物比较好的那一面，很少会为困难所困扰，不过你需要在细节方面多加注意，防止因为过分乐观而坏事情。

情 商 提 点

　　乐观地面对问题，对我们学习、生活都有极大的帮助。所以，我们要在日常生活中，培养自己的乐观精神，遇事要多往好的方面想，进而用积极的心态去想办法，将问题解决掉，而不是被挫折所征服。

64 你的内心，是否藏匿着太多悲观？

　　积极的心态有助于问题的解决，而消极的心态，只会让自己朝着坏的方向越走越远。在困难面前，你是一个悲观的人吗？

　　(1) 你出去度假时会不会提前预订房间？

　　A.会

　　B.从来都不会

　　(2) 你是不是觉得大部分人都是诚实的？

　　A.是的

　　B.不是

　　(3) 你对新出现的产品是不是非常热衷？

　　A.是

　　B.不是

　　(4) 如果同学答应你到时候一定会按时还你钱的，你还会借给他吗？

　　A.会

　　B.不会

　　(5) 同学们原本打算星期天去郊外玩，可是突然下起了蒙蒙小雨，你们是继续还是取消计划？

　　A.按原计划进行

　　B.取消计划

　　(6) 你容易信任别人吗？

　　A.是的

　　B.不是

(7) 早晨醒来以后，你会不会觉得又是美好的一天？

A. 会

B. 不会

(8) 收到意外的来函或包裹时，你会特别开心吗？

A. 非常开心

B. 和平时一样

(9) 你在花零用钱时会不会担心花完以后没有钱了？

A. 不会

B. 会

(10) 你是否觉得自己以后会过得更好？

A. 是的

B. 不确定

评分标准：

选A得1分，选B得0分。

心理分析：

总得分在7分以上：

你是一个非常乐观的人，在你的身上找不到一点悲观的影子。你能够以非常积极的心态去面对困难，在这种心态的作用下，总是能够克服一些别人不能克服的困难。

总得分在4—6分之间：

你的心态算不上悲观，但也不是非常积极，在困难面前非常需要鼓励。一旦有人给你加油鼓劲，你就可以爆发出自己的能量。

总得分在3分以下：

你是典型的悲观主义者，很容易被困难打倒，就算是别人怎么鼓励你，你也总会觉得事情已经没有了希望，将自己置身于无尽的悲伤当中。

情商提点

悲观的人，就算遇到一点小事，也会感觉压力很大，找不出解决的办法。这样的孩子，很容易被困难打倒，即使有人相助，也不能充满自信地将问题解决掉。所以，悲观的你要为自己建立信心，多用肯定的语言鼓励自己，改掉看问题的消极态度。

65 **如何应对人生路上的低谷？**

人生的道路从来都不是一马平川的，我们难免会遇到低谷。不过，只要我们不轻易放弃，就一定能够克服困难，走出低谷。你说对吗？

放学之后你走在路上，如果看见一对情侣突然吵了起来，男孩要跟女孩说分手，你觉得最有可能出现的是什么情景？

A.女孩哭着和男孩告别之后就跑开了。

B.女孩子哭过之后是慢慢走的。

C.女孩先平复了一下自己的心情，告别之后就坚定地走开了。

心理分析：

A.你是一个非常有胸怀的人，在遭遇人生低谷时，就会展现出强大的包容力。你甚至认为，正是因为人生有低谷，人生才会变得更加精彩，这可以让你真正地成长起来。

B.你是一个争强好胜不愿服输的人，在困境中你仍旧可以爆发出身上的能量。同时，你在平时非常注重人际关系的维护，这些都为自己将来的发展奠定了基础。

C.你的耐性极强，在遇到困难时会仔细地思考应对的办法。你不会埋怨逆境的出现，反而会觉得这是上天的恩赐。

情 商 提 点

人的一生中，总要有高峰期和低谷期。但是，很多青少年并不能明白这个道理，所以遇到人生的低谷就会情绪低落，一蹶不振。这个时候，我们首先需要改变的就是心态问题，要学会积极地去面对一些事情。一旦有了一个好心态，问题解决起来也就会更容易了。

66 你在挫折面前的状态是什么？

在成长的过程中，我们难免会遇到或大或小的挫折。那么，你抵抗挫折的能力如何呢？

（1）如果在学校受到了老师的批评，你是什么状态？

A.哭泣

B.低着头

C.没有表情

（2）你在一个月内被批评的次数是多少？

A.1次以下

B.2—9次

C.10次以上

（3）因为你上课玩手机影响学习，老师没收了你的手机，你会怎样？

A.难过得哭出来

B.不说话，却不愿再抬头

C.当作什么都没发生

（4）假如和别人打架眼角受伤了，有些疼，你会有什么样的反应？

A.哭泣

B.向他人求救

C.自己独自处理

（5）如果老师在讲课中出现了错误，你会？

A.觉得老师是正确的

B.无所谓

C.给老师指正出来

心理分析：

选0个C。

你可以说是没有一点抗挫折能力，一些小事情就可能导致你情绪崩溃，在这方面你需要好好锻炼一下。

选1—2个C。

你还是有一定的抗挫折能力的，可是有时候缺乏一些信心和勇气。

选3—4个C。

你能够面对挫折，但能力不是很强，需要进一步提高。

选5个C。

你有很强的抗挫折能力，几乎没有问题可以难倒你，在挫折面前总是能够展现出比较强的应对能力。

　　对于青少年来说，了解了自己的抗挫能力之后，就可以采取一些针对性的措施进行调节。例如，多去尝试，让自己感受努力过程中的点滴；去看看励志电影，学习那些电影人物的心态和方法。只有这样，才能够在面对各种各样挫折时还能够泰然处之，顺利解决。

67 轻易妥协之人，是否就是你？

　　每个人都有脆弱的一面，也会有坚持不了的时刻。那么，你是否是一个能够坚持到底的人呢？下面就让我们利用生活中的细节，看看你是能够坚持到底的人还是半途而废的人。

　　你平时是怎么吃苹果的？

　　A.先把皮削干净，然后再切好放在盘子里面，慢慢吃

　　B.把皮削好后就拿着吃

　　C.洗一洗不削皮就直接吃

　　A.你是一个非常坚定的孩子，无论在哪种情况下，你都有自己的原则，还会和那些不利于你的环境对抗。

　　B.你是一个不太容易妥协的孩子，但是当你发现你的努力是做无用功时，很有可能就不再坚持了，而是开始选择其他的路去走。

C.你是一个非常容易妥协的孩子，脑子非常的活络，有时候你的妥协也是一种圆滑的表现。

情 商 提 点

妥协退让，是一些人在为人处世时常用的一种方法。客观来讲，这样一种方法并没有什么坏处。但是如果一个青少年时时处处都想着妥协，那么就会显得毫无原则、毫无主见，这样一旦遭遇挫折，就会立刻想到妥协，想到臣服于他人。而要想改掉这个习惯，就必须学会保持强硬态度，绝不轻易被挫折所击垮。

68 失落时，你会怎么应对？

有一天朋友突然跟你说要绝交，这时如挨了当头一棒的你又收到坏消息，考试成绩下来了，你最在意的那两门科目都挂掉了。你抬头看着灰蒙蒙的天，有种欲哭无泪的感觉。但是，你的噩运还没有结束。就在你昏昏沉沉地走在回家的路上时，竟然扭伤了脚。你的眼泪哗一下就决堤了。恶魔一直在折磨你，让你心灰意冷，这种情况下，你要怎样应对坏运气和坏心情呢？

A.坐路边休息，然后继续走

B.听些伤感的音乐慰藉自己

C.坐在路边哭泣

心理分析：

A.你是一个比较坚强、理智的人，面对噩运，能够及时调整自己的心态，能够很快从阴影中走出来，这为你未来的成功增添了很大的筹码。

B.你的心思较为单纯，比较多愁善感，面对一些让你难过的小事，你还能够调整自己的心情，但是一旦遇到大的挫折，你有可能会被击垮。

C.你是个比较脆弱的人，有依赖性，经常会被一些小事影响心情，从而陷入哀伤、消极的情绪中，这一点非常不好，你应及时克服自己的坏毛病。

情 商 提 点

　　人生有得意时，也有失落时。很多青少年在遭遇人生的一些小变故时，往往会表现得很极端，缺乏承受、应对挫折的能力。这是很不利于青少年未来发展的。

　　事实上，我们应该这样想：人生路很漫长，遇到点小风小浪都是很正常的事情，如果有点小风浪都承受不住、应对不了，那还怎么能取得大的成就呢？

69　你喜欢什么类型的脚踏车？

　　无论是在生活中还是在学习中，压力就是动力，可是每个人的抗压能力都不一样，压力过大时，很容易会把一个人打垮。所以，只有真正了解了自己的抗压能力，我们才可以确保给自己施加的压力都是有效的。那么，你的抗压能力有多少？

　　下面哪种脚踏车是你比较喜欢的？

　　A.变速越野车

　　B.电动脚踏车

　　C.轻便型脚踏车

心理分析：

　　A.你非常能够承受压力，就像是你喜欢的这款车一样，根据不同的车况你可以选择不同的车速，对压力也是如此，有着很好的调节能力。压力越大，你的调节能力就越好。

　　B.你的承压能力非常弱，同时你对压力也非常敏感。在现实生活中，你绝对不能承受太多的压力，一旦觉得自己承受不住时，很快就会放弃。

　　C.你承受压力的能力一般。遇到压力时，一般情况下还是能够面对的，可是如压力过大的话，你就会变得没有办法承受。

情 商 提 点

　　在学习和生活中，青少年都会感觉到压力的存在。其实有压力就会有动力，只要你努力调节，锻炼自己的抗压能力，那么，一切压力都不再是困扰你的问题了。

　　增强抗压能力的方法有很多。例如，平时多给自己订立一些目标。在为目标努力的过程中你会遇到很多压力，不要气馁，坚持下去，这样经历得多了，抗压能力自然会得到提升。

70　意外降落，你希望身在哪里？

　　当你身处逆境时，你有没有想过要"突出重围"？你的突破口又在哪里呢？下面就让我们来测试一下吧。

　　如果你乘的降落伞就要落地，你希望在什么地方降落？

　　A. 高耸的大厦顶楼

　　B. 柔软的湖畔

　　C. 景色非常优美的山顶

　　D. 翠绿的草原

心理分析：

　　A. 当你身处逆境时，起初你可能会比较慌张，但最终你会重新鼓起勇气，勇敢地面对一切，并且最终取得成功。

　　B. 你是一个非常保守的人，对于生活中的磨难大多数时候都会选择默默承受。虽然有的时候你也会想要有点改变，但幅度不会太大。

　　C. 你的人生观相当积极，从来都不害怕逆境的出现，一直都会以一个非常积极的态度来面对所有事情。

　　D. 你是一个不喜欢人生有许多变化的人，会小心翼翼地做好每一件事，以防可能会出现的变数，承受逆境考验的能力不高。

情 商 提 点

　　有的人身处逆境时会表现得慌慌张张，而有的人则表现的泰然自若，还有一些人根本就不能接受身处逆境的事实，会迅速陷入崩溃的心态。其实，不管你是哪一种人，都不可避免地会遭遇逆境，因此只有调整好心态，多去提升自己的抗压能力，使自己能够冷静地应对，这才是最好的应对方法。

71 通过小鸟测试你的受骗度

　　对于青少年来说，缺乏非常丰富的社会经验，一旦踏入社会，很容易会被一些假象所迷惑。那么，你是不是一个容易上当的人呢？

　　让我们来做这样一个测试：如果有一天你在森林里迷了路，突然有一只鸟出来告诉你出口在哪里，你认为会是那种鸟出现呢？

　　A.猫头鹰

　　B.鹦鹉

　　C.雄鹰

　　D.鸵鸟

心理分析：

　　A.你的戒备心非常强，一点都不容易上当，同时对所有的事情都怀有一种怀疑的态度，也不太容易信任别人，所以别人想欺骗你是相当困难的。

　　B.从外表看上去你非常的精明，事实上你对所有事情的判断都只是依据外表来的，只要对方长得一副"好好先生"的样子，那么你很容易就会上对方的当，是典型的"以貌取人"一族。

　　C.你是一个非常容易上当的人，只要是别人好好给你说话，从说话的气势上面占了上风，那么你就完全失去主见了，别人说什么就是什么。

　　D.如果说你对陌生人还有一点戒备心的话，那么你对熟人就是百分之百的相信了。正因为这样，所以你总是三番五次地被身边的人所欺骗。

正处于校园中的你，如果很容易相信别人的话，那么出了校门，遇见社会中一些别有用心的人，你就很难有招架之力。俗话说：害人之心不可有，防人之心不可无。所以在面对他人时，作为学生的你应该保持一颗警惕之心，对别人说的话要进行深思熟虑，万万不可被假象所迷惑。

72 遭遇火灾你会怎么办？

有的人在面对逆境时，如果给他们一段时间适应的话，他们也许能都想出应对的办法，可是如果是突发的情况呢？

例如，半夜时你正沉浸在梦乡中，突然发生了火灾，时间只允许你拿一样东西，你会拿什么？

A.钱

B.衣服

C.食物

心理分析：

A.你是一个既大胆又冷静的人，在遇到问题时能够及时地站在全局考虑问题，丝毫不把眼前的利益放在心里面。

B.你是一个非常谨慎小心的人，遇到困难也绝对不会鲁莽行事，有着很强的责任感，这让你的压力也特别大。

C.你是一个非常乐观的人，即使是遇到了困难你也相信会绝路逢生，不管最后是否成功地解决了困难，你都能够安慰自己。

遭遇突发的逆境时，我们该怎么办呢？首先，要稳定自己的情绪，只有这样才能保持清晰的头脑去解决问题。其次，应该在之前心细基础上，发挥胆大的作用。最后，就是及时行动起来，毕竟面对突发的逆境，争取时间才是最重要的。

(73) 你的自卑究竟出在哪里？

自卑是一种非常消极的情绪，尤其是受到挫折时，它会严重地打击我们战胜挫折的信心，导致我们和成功失之交臂。你是一个自卑的人吗？又是在哪些方面自卑？赶快来测试一下吧。

按照一张藏宝图的指示，你来到了藏宝地点，挡在你面前的是一道高出天际的大门，你用了好大力气可还是打不开，这时你看到上面有一个图案，你觉得应该是什么？

A.骑士

B.荆棘藤

C.古老文字

D.美丽的女神

心理分析：

A.你可能是一个不擅长于运动的人，体育成绩不太好，所以对于身体你总是感到了很大的自卑。

B.你对自己的性格不太满意，可能觉得自己性格上的缺陷太多了。其实只要你认真总结一下自己哪些方面不好，然后慢慢改变就可以了。

C.你在学习方面可能不太擅长，这是导致你自卑的主要原因。你总觉得自己的学习不如别人，这让你感到非常痛苦。

D.你对自己的外表不太满意，所以你平时比较注重自己的穿衣打扮，希望在这方面能够弥补一点自己的缺陷。

情商提点

每一个人都不是完美无缺的，总有这样那样的缺点。而有些人，就会很容易在这些缺点下产生自卑情绪。青少年应对自卑情绪的方法有很多，例如多去发掘和关注自己的优点，正确看待自己的缺点，通过努力减轻或者消除自己的缺点，等等。

74 失意时你如何调整

遇到困难挫折，心情难免会受到影响。遇到这种情况你是怎么调整心情的呢？让我们通过一个场景模拟，看看你的内心：

你在校园的长椅上看到一个男生正在看一本英文参考书，突然他合上书本。你觉得他为什么要合上书本？

A.可能是天要下雨了，赶紧合上书本回家。

B.可能是有点累了，要把书本当枕头休息一下。

C.可能是想复习一下其他的科目。

心理分析：

A.你的自我防御意识比较强，和别人相比你更容易陷入不安，对可能出现的危机是非常敏感的。所以，你必须很快地调节一下自己的心情，把危机变成转机，去摆脱困境。

B.你是一个比较乐观的人，很容易受到其他情绪的影响。当你情绪低落时，你会借运动、休闲来改变心情，或是改变一下环境，这样心情自然而然也就发生了改变。

C.你的上进心非常强，有很强烈的自我提升的欲望，遭遇挫折时不免有些伤感。所以，当你心情低落时，你可以找一些人来开导你一下，也就是去寻求别人的鼓励，这时你的信心很容易就会被激发出来。

情 商 提 点

通常情况下，人在失意时心情都会很低落，要么沉默不语，要么喋喋不休，甚至有些青少年还会学着大人的样子借酒消愁。这样的行为，对事情的解决没有丝毫的帮助。因而，当你因失意而心情不好时，就要多想想开心的事情，积极乐观地去面对问题。同时，还有想办法排解不良情绪，如跟家人、同学、朋友聊聊天，外出进行一下体育活动等。

75 面对寂寞，你该作何选择？

当自己最好的朋友突然转学，我们会不会突然之间有一种孤独寂寞的感觉？那么，你会怎么排解自己心中的这种寂寞感呢？现在，让我们进行一番发散思维联想，看看自己会作出何种选择。

假如，你在宁静的乡间盖了一座小屋，有一天，你邀请你的朋友去那里玩。有一个朋友给你买了一张休闲的躺椅，是为了让你看日出日落的，你觉得会是一个什么样的躺椅？

A.藤制的凉椅

B.古朴的长椅

C.像秋千一样的悬挂式椅子

心理分析：

A.你是一个非常害怕寂寞的人，只要陷入孤独中，你就会感到非常悲伤，好像人生都失去了光彩。

B.独处的日子对你来说反而是一种享受。可是有时候你也会陷入一些不好的回忆当中，变得有些伤感。

C.没有办法说你到底喜不喜欢寂寞，有的时候你非常享受寂寞的感觉，可是有的时候你又会觉得非常的伤感，身上带有一定的矛盾情绪。

情商提点

寂寞是一种人生境界，既包含着个人的超凡脱俗，又夹杂着痛苦的情感。这种感受，是每个人都要去面对的。所以，我们要学会理解寂寞，享受寂寞。当偶尔一个人享受寂寞时，我们可以静静地思考一下人生，想想自己对过去有哪些遗憾，对现在还有哪些不满，对未来又有什么奢望。当我们能够想到这些时，我们才能真正地战胜寂寞。

76 透过喜欢的东西看你抵御挫折的能力

你和朋友们一起去爬山，在山顶遇到一个仙子，她有一个魔法袋，里面有各种各样的物品，如果她答应让你任挑选一件，你会选择下面物品中的哪一个呢？

A.钻石手表

B.假冒的金条

C.超大的苹果

D.珍贵的真丝睡衣

心理分析：

A.你的抗压能力一般。你是个严肃、冷静、有很高的生活品味的人，喜欢佩戴名贵饰品，有时候会有些势利眼。在面对挫折时，你能够冷静地分析原因。但是你的应对方法往往显得有些无力，以至于起不到好的抵御效果。

B.你的抗压能力较好。你是个心胸开阔、幽默的人，总能给身边的人带来欢乐，面对压力和挫折时也能从积极的一面思考。心态极其乐观，这是你最大的优点。

C.你的抗压能力非常好。你处事圆通，身边的人都愿意跟你打交道，遇到困境时，你也总能拿出一套又一套的应对方案，因此很难有什么事情能够击垮你。

D.你的抗压能力较弱。虽然表面上你很坚强，但内心其实很脆弱，一旦遇到困难和挫折，你的心情很容易跌入谷底。你亟须提高自己的抵御挫折的能力。

情 商 提 点

每个人都应该培养自己抵御挫折的能力，要抵御挫折首先要有一个乐观的心态和性格，要知道，你对待事物的乐观态度不仅会给自己带来积极的心理暗示，更会感染到身边的亲友。其次，要找到抵御挫折的办法。不要遇到挫折就悲伤叹气，这个时候要想想有什么措施能够挽回损失、弥补过错等。

总之，只有具有高度抗挫抗压能力的人，才能在未来的社会竞争中占得先机。

面对挫折，你是否有应对技巧？

　　挫折，是我们人生的必修课。不同个性的人，应对挫折时的办法也不同。你是怎么应对挫折的呢？

　　(1) 在你做一件事遭遇到困境时，你会：

　　A.被困难吓退

　　B.寻求帮助

　　C.换其他的目标

　　(2) 你对自己才华和能力的自信程度如何？

　　A.十分自信

　　B.比较自信

　　C.不太自信

　　(3) 在遇到困难时，你都是：

　　A.自己就把问题给解决

　　B.自己能够解决一部分

　　C.大部分解决不了

　　(4) 截止到现在你经历了多少次大的挫折：

　　A.0—2次

　　B.3—5次

　　C.5次以上

　　(5) 碰到难题时，你：

　　A.对自己丧失信心

　　B.努力地想解决问题的办法

　　C.介于A、B之间

　　(6) 自卑时，你会：

　　A.不要再学习了

　　B.立即振奋精神学习

　　C.介于A、B之间

　　(7) 困难落到自己头上时，你：

A.非常烦躁

B.终于有了一个锻炼的机会

C.介于A、B之间

(8) 碰到讨厌的对手时，你：

A.不知该如何面对

B.应付自如

C.介于A、B之间

(9) 学习时感到疲劳时：

A.会影响到自己思考问题

B.休息一段时间就好了

C.介于A、B之间

(10) 有令你担心的事时，你：

A.没有办法投入学习

B.还是能够投入到学习中

C.介于A、B之间

(11) 学习进展不快时，你会：

A.非常着急

B.冷静地想办法

C.介于A、B之间

(12) 面临失败，你会：

A.索性也就不管了

B.将失败转化为成功

C.介于A、B之间

(13) 当学习环境不太好时，你会：

A.没有办法专心地学习

B.能克服困难做好工作

C.介于A、B之间

(14) 如果老师交给自己一个非常难的任务，你会：

A.用委婉的方式回绝

B.千方百计做好

C.介于A、B之间

评分标准：

1—4题，选A、B、C分别得2、1、0分；5—14题，选A、B、C分别得0、2、1分。

心理分析：

总得分在19分以上：

你对抗挫折的能力非常强，几乎没有什么事情可以把你打倒。

总得分在9—18分之间：

你有一定的抗挫折能力，可是仅限于一些比较小的挫折，应对一些大的挫折时，你的能力就有点不足了。

总得分在8分以下：

你抵抗挫折的能力是非常弱的，稍微遇到一点挫折都可能一蹶不振。

情 商 提 点

　　每个人的一生中，都要遇到这样那样的挫折。如果因为经历几次挫折就一蹶不振，那么你将很难有很高的成就。

　　那么，我们该怎样提高自己应对挫折的能力呢？首先，要提高自己的自信心，在精神上对抗挫折。其次，学会观察，一个懂得观察的人，才能以最快的速度找出问题的突破口，进而随机应变地解决问题。

EQ

相信自己，加油

第5章

俗话说："世界上最难对付的敌人就是自己。"当我们连自己都可以战胜时，就没有什么能够阻挡住我们前进的脚步了。无论面对什么困境，只要相信自己，我们就不可能会被这种暂时的失败所压倒。相信自己，你可以！

78 你的想象力是否非常丰富？

丰富的想象力是我们的社会能够进步的原因之一。孩童时期是最有想象力的时候，它可以帮助我们衍生出许多有价值的想法。那么，你是否是一个充满想象力的人？

下面四幅画所描绘的场景中，你最欣赏的是哪一副？

A. 一个在路上回眸一笑的路人

B. 在舞台上表演的明星

C. 运动场上意气风发的运动员

D. 一个正在洗头发的女孩

心理分析：

A. 你是一个非常具有想象力的人，给你几秒钟的时间，你就可以联想出来很多事物。同时，你的好奇心也比较重，这也是你拥有丰富想象力的动力之一。所以，你对自己还是很有信心的。

B. 你的猎奇心比较重，时不时就冒出一些比较新鲜的想法。可是很多时候，你的想法可能有点不切实际。所以，你的信心一旦遭遇挫折，就会立刻消失。

C. 你有很强的审美观点，对于一切美的事物都有着非常敏锐的观察力，同时善于从一些细节中来找到灵感。

D. 你的想象力非常差，自己的思维没有得到开拓，没有办法去产生一些联想。

情 商 提 点

想象力对于处于青春期的青少年非常重要。没有想象力的生活是黯淡的，会感到枯燥无聊。所以，我们应该多去经历一些事情，多了解一些事情，多积累一些经验，这样才能帮助你成为一个想象力丰富的人。

79 "主见" 这个词是否属于你?

每个人身边都有很多随风倒的人,他们总是不能够坚定自己的立场,别人的意见稍有变化,他们也就跟着变化。你是这样的人吗?通过这个化装舞会来测试一下吧。

如果你要去参加一个化装舞会,你会选择什么样的面具?

A. 开心的脸

B. 生气的脸

C. 哭泣的脸

D. 做怪样的脸

心理分析:

A. 你是一个自主意识很强的人,凡事你都会有自己的立场,而且也不会想去要改变别人的观点。时间久了,你这种处事方式难免会给人一种高傲的感觉,让人觉得不容易亲近。

B. 你会严守自己的秘密,但是又想知道别人的秘密,这会让身边的人很不高兴,所以还是学会尊重别人吧。

C. 你不太有主见,而且也很容易向别人吐露心声。别人的意见也可以左右你。有时候,你真的需要坚持一下。

D. 你是一个非常聪明的人,遇到事情你不但坚持己见,而且还会说服别人同意自己的观点。你的这种自信,无论到什么地方都可以使你成为焦点。

情 商 提 点

一个人的情商高不高,跟他有没有主见有着密切的关系。一个没有主见的人,处处都听他人的安排,根本就不清楚自己想要的是什么,也不知道该怎样去获得自己想要的,这样的人怎么可能具有很高的情商?

因此,我们要努力做一个有主见的人,凡事学会自己拿主意,不要总问老师、父母和同学。另外,还要多让自己做一些"选择题",例如,结合自身兴趣选择文理科,决定高考要报哪所学校、哪个专业等。

80 一双鞋子就能透出你的信心

初见一个人，从表面上我们也许并不能看出来他们是否拥有自信，而从每个人所喜欢穿的鞋子的不同样式，就可以看得出你这个人是否拥有自信心。

你喜欢穿什么样的鞋子？

A.远足靴

B.时髦鞋子

C.靴子

心理分析：

A.你做事情时会比较认真，有较强的挑战意识和创新意识，就算是那些从未涉足的领域也会进行勇敢的尝试，有较强的自信心。

B.你非常追逐潮流，但在做事情时往往会只注重片面的东西，而忽略了全局的考虑，所以会顾此失彼。同时你对新生的事物总是表现出强烈的好奇心，自信心很容易过度膨胀。

C.你可能有点缺乏自信，而穿靴子的话会给你带来一些安全感，在一定程度上让你自信起来。

情商提点

自信心对于一个人来说尤为重要，它决定你能否将事情做好。一个没有自信心的人，总是害怕失败，不敢尝试，这样，很容易在机遇来临时与成功失之交臂。所以，我们要做一个拥有信心的人，要勇于尝试。对自己选定的事情，就一定要坚信自己能做好，这样才能在学习和生活中取得较大的进步。

81 大人有什么让我们羡慕的?

每个青少年都期盼着自己赶紧长大,可是每个人的原因都各有不同。其实从这个差别中,我们也可以看出一个人的一些特点来。那么,你想赶紧长大的原因是什么呢?

你最羡慕大人的事情是什么?

A.可以自己支配钱

B.可以管人,有威严

C.不用考试

D.可以想干什么就干什么

心理分析:

A.你是一个非常看重实际的人,根本不会做那些吃力不讨好的事情。做事情之前你往往会经过非常细致的考虑,只不过有些时候你过于在意某些东西。

B.你是一个非常识大体的人,能顾全大局,但是有时候你可能不太注重细节。比如考试时,往往在细枝末节的地方丢分。

C.你是一个非常特别的人。欣赏你的人会特别欣赏你,同样也会有人非常讨厌你。你在耐力方面有点缺乏,需要在这方面加强锻炼。要知道,光有自信心是不行的,还要付出实际行动。

D.你心里面有很多想法,也比较能够听进去别人的意见,可是有时候你过于自信,反而有点固执的倾向了。

情 商 提 点

每一个青少年都渴望长大,渴望得到和大人一样的待遇。他们渴望平等、自由,希望家长和老师能够理解自己的想法,尊重自己的选择,这其实体现了他们追求自我价值的一面。

其实,青少年要得到这些并不难,只要他们在做事时能从自身的实际情况出发,懂得尊重他人、欣赏他人,听得进去他人的批评,并乐于接受他人的意见和建议。

82 自我评价你做得好吗?

要想了解自己的优缺点,首先要做的就是能对自己做一个客观公正的评价,你能够做到这一点吗?你可以承认自己身上的缺点并及时改正吗?

下面的问题请一律用"是"或"否"来回答。

(1) 父母的夸奖要比老师同学的夸奖更让人高兴。

(2) 帮助别人时我非常高兴。

(3) 父母也会有犯错的时候。

(4) 我认为只要做错了事就应该受到惩罚,而原因并不重要。

(5) 好学生和坏学生打架,肯定是坏学生的错。

(6) 珍珍爱学习,而元元爱劳动,她们都是好孩子,这中间没有什么差别。

(7) 我觉得自己是一个很不错的学生。

(8) 不小心踩了别人的脚和敌意踩别人的脚都是一样坏。

(9) 当我的好朋友和别人发生矛盾时,无论如何我都会站在我朋友的这一边。

(10) 我会根据一个人的所作所为来判断他是否是个好人。

题号 选项得分	A项得分	B项得分
(1)	1	0
(2)	1	0
(3)	0	1
(4)	0	1
(5)	0	1
(6)	0	1
(7)	1	0
(8)	0	1
(9)	1	0
(10)	1	0

心理分析:

总得分在0—3分之间:

你的自我评价非常消极,不能对自己进行非常正确的评价,也没有正确的价值观,还不能很好地判断自己的发展前景，自信心不足，总是犹犹豫豫的。

总得分在4—7分之间：

你能对他人进行比较客观公正的评价，可是很难公正地评价自己，你还是有一定的自信心的，但是非常容易受到别人的影响。

总得分在8分以上：

你能够对自己和他人都进行比较客观公正的评价，有着很好的判断能力和控制能力，可是在有些方面还不太完善，做事情时也缺点谨慎的态度。

情 商 提 点

自我评价对青少年的健康成长来说很重要。一个不懂得自我评价人的人，就是一个不了解自身优缺点的人，那么他在实际的学习和生活中，就不能把自己的优势发挥出来。

83 一个故事，一段信心

从小到大我们看过不少的童话故事，其实，从这些故事我们不仅可以学习到一些做人做事的道理，还可以据此来测算自己的自信心。现在，让我们来测试一下吧。

如果你现在走到了睡公主面前，她睁开眼睛突然看到你，你觉得她会是一个什么样的反应？

A. 假装看不到你，继续睡觉

B. 给你一个微笑

C. 紧张得说不出话

D. 发出可怕的尖叫

心理分析：

A. 你是一个特立独行的人，一般情况下不喜欢别人干涉你的生活，所以说你的人际交往能力不是很强。同时，你总是自信地认为你一个人就可以处理好所有的事情，可是有时候合作是非常重要的，团队的力量也是无可替代的。

B. 你是一个很有自信的人，人际交往能力非常不错。可是你可能有点过于自信了，忽略了身边人的感受，总是那样的话可能会让你失去更多的朋友，要注意这一点。

C. 你非常注重人际关系，一直努力地让大家喜欢上你，那是因为你在这方面缺乏自信。可是有时候你过于在乎一些东西，反而会有点弄巧成拙。

D. 你是一个极度缺乏自信的人，你非常害怕和别人接触，也很担心自己的缺点暴露在别人面前，所以大多数时候你都是把自己封闭起来，从而错过了许多美景。

拥有自信心的人，可以在生活中表现出许多面，诸如大智若愚的一面、坚毅勇敢的一面、非常强势的一面等等。而缺乏自信心的人，则不知道自己在生活中该表现出哪一面，因而做事情时总是畏畏缩缩，极难成功。所以，我们平时要注意进行自我审视，并及时调整自己，将最佳状态展示在他人面前。

84 自身优点万万不可忽略

很多时候，我们都可以轻而易举地发现自己的缺点，但忽略了优点，结果导致自己非常不自信。那么，你了解你身上的那些优点吗？让我们做一个反向测试，从你无法忍受的行为中，找到你的优点在哪里。

你最讨厌下面的哪种行为？

A. 虚伪做作

B. 对老人、小孩不友善

C. 不遵守约定

D. 虐待动物

E. 不好好学习，玩物丧志

F. 欺善怕恶

心理分析：

A. 你是一个非常诚实正直的人，在周围人的面前，你总是展现出自己最真实的那

一面。你是一个表里如一的人，因此周围的朋友都非常信任你。

B．你是一个乐于助人的人，当看到别人遇到困难时，你就会忍不住想要贡献自己的力量。正因为如此，你身边的人都为能够拥有你而感到庆幸。

C．你对人际关系比较看重，一旦答应了对方，那么无论如何都会遵守约定。正因为如此，你赢得了身边人的信任。

D．你是一个正义感十足的人，当遭遇一些不公平的待遇时，一定会为自己争取公平的待遇的。

E．你是一个自我约束力非常强的人，也非常喜欢帮助别人，一旦你身边的朋友遇到了什么困难，你都是第一个出现在他们身边的人。

F．你是一个耐性非常好的人，一旦给自己树立了目标，无论遇到什么困难，你都会坚持把这个目标完成，因此大家都很尊重你。

情 商 提 点

　　每个人身上都有令人羡慕的闪光点，例如诚实守信，拥有正义感、同情心，自制力强等。在这些优点的作用下，我们能够在学习和生活中找到自己的价值所在，从而更加积极地看待人生。因而，我们每个人都不要忽略自己的优点，做任何事情都要结合自己的优点进行，这样我们才能建立起强大的自信心。

85　自我信任你能够做到吗？

　　做同一件事情，一个有信心的人也许可以更快更好地完成任务，而一个对自己没有信心的人可能要花费很长时间才能完成。那么，你是不是一个对自己充满信心的人呢？

　　下面的问题请一律用"是"或"否"来回答。

　　（1）对于你已经决定了的事，就算别人不同意，你还是要坚持到底吗？

　　（2）你是否会羡慕同学取得的好成绩？

　　（3）你希望自己具备更多的才能和天赋吗？

　　（4）你是否能很好地和别人合作？

　　（5）你的个性要强吗？

　　（6）和朋友一起逛街买东西时你是否会征求别人的意见？

(7) 别人批评你，你会觉得难过吗？

(8) 你很少对人说出你真正的意见吗？

(9) 当别人赞美你时你非常高兴？

(10) 你总是觉得自己是最棒的？

(11) 你不会强迫自己做不愿意做的事？

(12) 你是否认为你是一个可以在人群中散发魅力的人？

(13) 遇到困难时你是否能冷静处理？

(14) 你是个受欢迎的人吗？

(15) 你不愿意别人来支配你的生活？

评分标准：

选"是"得1分，选"否"得0分。

心理分析：

总得分在5分以下：

你是一个严重缺乏自信的人，因为你总是过度地压抑自己，所以才会常常受到别人的支配。其实你应该多关注一下自己身上的优点，让自己自信起来，这样别人才会看重你。

总得分在6—10分之间：

你对自己还是有点自信的，可是仍然缺乏安全感，有时候也会不相信自己。这个时候，你就需要提醒自己——你并不比别人差，尽量多强调自己的才能和成就。

总得分在11分以上：

你是一个绝对自信的人，明白自己的优点，同时也清楚自己的缺点。可是有时候因为表现得过于自信，可能会让别人觉得你是一个盲目自大的人。所以有时候你需要谦虚一点，这样人际关系才会变得更加顺畅。

情 商 提 点

一时对自己充满信心，不代表永远都信心百倍，这种情况在遭遇挫折时表现得尤为明显。尤其是青少年，一旦遭遇挫折和失败，就很容易丧失原有的信心。我们应该做一个性格、情绪都稳定的人，要学会分析和总结经验教训，进而建立绝对的自信。不管遇到任何事情，都要鼓励自己积极面对，相信凭借自己的能力一定能把事情做好。

86 配角与主角哪个属于你？

在学习和生活中，你是如何定位你自己的？是要做万人瞩目的主角，抑或是默默无闻的配角？其实，每个人的身上都有成为主角的潜质，就看你懂不懂得发现并挖掘自身的这种潜质了。

（1）你是否觉得自己是非常优秀的？

是——到第2题

否——到第4题

（2）在平时你是否把周围人的注意力都集中到你这里？

是——到第7题

否——到第3题

（3）你是否会帮助别人作决定？

是——到第8题

否——到第9题

（4）你选择朋友的标准是：

家里有钱的——到第3题

人品比较好的——到第5题

（5）如果死党被人欺负，你无论如何都会为他出头的，是不是？

是——到第10题

否——到第9题

（6）失败后，你是否还会再尝试？

是——到第11题

否——到第12题

（7）你在哪方面对自己非常自信？

样貌——到第8题

才华——到第6题

（8）你是否会努力争取自己想要的荣誉，尽管非常不容易？

是——到第12题

否——到第13题

(9) 你是否经常说谎?

是——到第14题

否——到第13题

(10) 就算是有很多人反对,你还是坚持做你想做的事情?

是——到第15题

否——到第14题

(11) 你是否会报复以前欺负过你的同学?

是——A型

否——B型

(12) 你是否会给你的朋友分等级?

是——C型

否——B型

(13) 如果你的朋友突然喊你有急事,你是否会放下手中的事情帮助他?

是——D型

否——C型

(14) 你是否会嫉妒你身边的某位朋友?

是——D型

否——E型

(15) 你觉得做人是不是应该及时行乐?

是——E型

否——C型

心理分析:

A型:虽然别人觉得你能力不错,不过有时候你只会有点想法,而不会付诸行动,可以说是一个空想家。

B型:虽然你不是主角,但也有抢镜的一刻,只不过有时候信心不足。其实你应该放松一下自己,把自己弄得很紧张反而会为自己减分。

C型:你的身上有着独特的闪光点,但有时压力会令你心态不平衡,很可能会有一种莫名的失落感。你必须要学会承受压力。

D型:你有点缺乏自信,有点太过内敛,所以别人总是关注不到你。有时候其实你可以多发表一些自己的意见,培养一下自己的信心。

E型:你是一个非常容易满足的人,没有过分的自卑,也没有过分的自信。你应该多相信自己一点,相信自己一定可以干得更好。

有人通过努力，能够成为自己交际圈内的主角，而有的人却只能沦为配角。其实，主角与配角之间并没有多大的差距，最大的差距就是一个拥有超强的自信心，而另一个则陷入自卑的泥沼中而无法自拔。

所以，想要成为人群中的主角，我们就要摒弃自卑感，通过积极的努力向别人展示自己的才能，从而赢得他人的肯定，建立充分的自信心。

87 测试一下你是否不信任自己？

很多人其实非常有实力，可是因为不够相信自己，最终导致了与成功擦肩而过。你是否足够地相信自己呢？赶快来测试一下吧。

请用"是"或"否"来回答以下各题。

（1）在你遇到难事时，会不会因为害怕别人的嘲笑而不愿意寻求帮助。

（2）别人陷入麻烦时你会不会幸灾乐祸。

（3）你平时喜欢向人炫耀。

（4）你觉得学习是一件非常重要的事情。

（5）你觉得入乡随俗是件困难的事。

（6）你把自己的面子看得很重。

（7）你对陌生的环境会有一点恐惧感。

（8）常常会问自己是不是真的很棒。

（9）你常觉得自己是不利处境下的牺牲品。

（10）你的虚荣心极强。

评分标准：

回答"是"得1分，"否"得0分。

心理分析：

总得分在0—2分之间：

你的自信心非常强，而且人际关系也不错。

总得分在3—6分之间：

你的自信心不是十分充足，做起事来也让不够果断，这也许能使你安于现状，生活在一种平静无事的环境中。如果你认真反思一下，你会发现自己有很大的进步空间。

总得分在7—10分之间：

你是一个非常缺乏自信的人，即使在表面上你自信、自负或自傲，事实上这只是你掩盖自己真实情境的一种方式。所以，你需要从内心深处认可自己。

情 商 提 点

有些青少年之所以不能在学习中取得好成绩，并不是他没有自信心，不努力，而是他的自信不足，还不够相信自己的能力。所以，我们必须改变这一现状，多去看看自己的长处，多去体会成功的滋味，这样我们的情商才能得到提升。

88 踏实一点你能做到吗？

想要获取成功，只有信心或者是空喊口号是不够的，我们还必须脚踏实地的付诸实践。只有在实践中，我们才能够真正去发现问题，真正锻炼自己。

现在，让我们展开幻想：你最希望下面哪个科幻电影中经常出现的情节变为现实？

A.发明时光机器自由穿梭过去和未来

B.恐龙复活

C.外星人造访地球

D.移民外星球

心理分析：

A.你是一个比较向往自由的人，总想要出去进行各种各样的冒险，不过大多数时候你也只是想想而已，很少去付诸行动。

B. 你是一个比较孩子气的人，喜欢依赖别人，做事情时很难有主见，大多数时候就只是一个执行者而已。

C. 你是一个喜欢发呆的人，很喜欢沉溺在自由想象的世界，无拘无束；只是会迫于现实的压力而不敢行动，是一个名副其实的空想家。

D. 你是一个做事非常谨慎的人，当你要决定做一件事情时，你会考虑事情的可行性以及具体实施的计划，是一个标准的实干家。

情 商 提 点

生活中有很多空想家，他们只是一味地为自己勾画着未来，可是从来都没有付出过行动，或者是半途而废，最终导致一事无成。对于青少年来说，我们既要敢想，又要敢做，为自己树立一个目标之后，要懂得如何一步步地践行，只有这样，才能够真正地提高自己。

89 驱散自卑才能收获自信

自卑是一种非常不健康的心理状态，特别是一些比较内向的青少年，经常会多愁善感、自我怀疑，把自己封闭起来。久而久之，自己的情绪越来越低落，开始越来越不相信自己，这对自己的成长是非常不利的。

先来测试一下我们为什么会自卑吧，这样我们才可以更好地摆脱它。

(1) 你的身高情况是？

A. 非常矮

B. 差不多

C. 比别人高

(2) 清早，你照镜子后的第一个念头是什么？

A. 如果自己长得再好看一点就好了

B. 需要好好地打扮一下

C. 没有什么特别的感觉

(3) 拿到最近的照片，你是怎么想的？

A. 很不称心

B.还是很不错的

C.还算可以

(4) 别人对你的负面评价你会不会记很长时间？

A.是的，根本忘不了

B.不会，早已过去了

C.偶尔想起

(5) 你是不是一个受欢迎的人？

A.是的

B.不是

C.不清楚

(6) 如果你有一次考试的成绩不太理想，当同学们要看你的试卷时，你会怎么做？

A.不让他们看到自己的分数

B.随便他们看

C.将试卷藏起来

(7) 你有没有在某一件事情上对自己非常没有信心？

A.有过一两次

B.没有

C.这个说不好

(8) 在你遇到一件你非常讨厌的事情时，你会怎么做？

A.开始烦恼起来

B.慢慢地就忘记了

C.向他人倾诉

(9) 当别人蔑视你时，你会怎么做？

A.也回敬对方一句

B.非常难过，一点都不好受

C.根本就不在乎

(10) 当你听到别人说自己朋友坏话时，你会怎么做？

A.反驳他们

B.有点怀疑这是不是真的

C.不管闲事，又不是说我

(11) 虽然你学习非常努力，可还是没有考好，你会怎么做？

A.付出更多的努力

B.不再努力

C.寻找其他方面的突破

得分表

题号 \ 选项得分	A项得分	B项得分	C项得分
(1)	5	3	1
(2)	5	3	1
(3)	5	1	3
(4)	5	1	3
(5)	1	5	3
(6)	3	1	5
(7)	1	5	3
(8)	5	1	3
(9)	3	5	1
(10)	1	5	3
(11)	3	5	1

心理分析：

总得分在28—41分之间：

你总觉得自己不如别人，在做一件事情之前就断定自己不行，当你最后完成任务时，你还可能会因为一点小挫折而不相信自己。

总得分在14—27分之间：

你对自己的期望实在是太高了，一旦完成不了你就会非常的失望，可以说内心是有一点虚荣的。

总得分在11—13分之间：

你是一个标准的乐天派，很少会有自卑的感觉，就算是有的话，可能也是整体环境造成的。

总得分在42—55分之间：

你的性格非常消极，这就是你自卑的原因，其实不管是在生活中还是在学习中，你都应该改变这种状态。

情 商 提 点

要想让自卑远离自己，应该结合自身条件，鼓励自己从当前的事情做起。当学习或生活中出现问题时，不要一味地抱怨自身的劣势，而是要安慰自己："我已经努力了，下次我会更努力！"

90 独立，你必须要掌握的技能

随着年龄的一天天增长，你渐渐不能再依靠父母了。要想在这个社会中生活下去，你就必须要学会独立。那么，你的独立能力有多强？通过一个童话故事来测试一下吧。

假如你是童话故事中那个想吃掉三只小猪的大灰狼，你觉得用哪一种方法可以吃掉它们？

A.把门给砸开

B.等小猪没戒心自己出来

C.用烟把小猪熏到晕倒

D.模仿猪妈妈声音骗开门

心理分析：

A.你的心智还不够成熟，只有当自己遭遇了很多挫折之后才会明白，自己一定要学会独立，只有这样才能够进步。

B.你懂得去放弃那些已经没有希望得到的东西，其实也是因为你对自己的能力有比较清醒的认识，这是你开始独立的征兆。

C.你平时非常喜欢依赖人，完全没有主见，总是把所有的事情都推到别人的头上，自己想着乐享其成。

D.你是一个非常独立的人，遇到问题从不依赖别人，首先是自己去想解决问题的办法，是一个很有想法的人。

情商提点

对于青少年来说，不可能一辈子都生活在父母建造的安乐窝中，早晚有一天我们要出来经历风雨，不可能会有人在我们身后保护我们一辈子。为了让自己早点适应这种生活，我们从现在开始就应该慢慢地、逐步让自己独立起来。自己洗衣服，自己打扫个人卫生，久而久之，不用刻意地去适应，我们就会发现自己已经独立起来了。

考前焦虑症是否正在干扰你？

我们都知道，越紧张越容易做错事情。考试也是如此，我们很可能会因为紧张而出现一些本来不应该出现的错误。那么，你是不是一个会有考前焦虑症的人呢？

根据自己的实际情况，你可以用"从不""有时""经常""总是"分别来回答下列问题：

(1) 在考试中，你会不会因为紧张而忘记一些本来记得很清楚的知识。

(2) 考试的前几天起你就开始焦虑起来。

(3) 因为太过于在乎考试的成绩而导致没有考好。

(4) 遇到重要的考试就更加紧张了。

(5) 你每次都会担心自己能够考试及格。

(6) 越是想要做好试题，心里边就越是慌乱。

(7) 在考试当中还会想着如果考试失败怎么办。

(8) 考试中自己的心跳一直很快。

(9) 虽然已经做了充足的准备，但还是会紧张。

(10) 发卷之前自己就已经开始紧张了。

评分标准：

选"从不"得1分，选"有时"得2分，选"经常"得3分，选"总是"得4分。

心理分析：

男生总分在14分以下正常，15—25分有轻度焦虑，26—35分非常明显的焦虑，36分以上有较严重的焦虑。

女生总分在13分以下正常，14—24分有轻度焦虑，25—35分非常明显的焦虑，36分以上有较严重的焦虑。

情 商 提 点

　　大多数孩子都会出现考前焦虑的现象，他们害怕自己发挥不好，害怕自己考不好被老师和家长训斥，担心同学们会嘲笑……

　　众所周知，越是有顾虑，就越不可能考出好成绩，只有轻装上阵的同学，才能摆脱压力，在考场上发挥正常，甚至超常发挥。所以，青少年要学会卸下思想包袱，以平常心看待考试，只要自己努力了，考好考坏都不要太去在意，大不了下次再努力就行了！

92　站姿，你的自信心折射窗口

　　每个人都有自己特有的站立姿势，其实这和一个人的自信心也有直接关系。下面就来测试一下我们的信心吧。

　　你站立时习惯用什么姿势？

　　A.把双手插入裤袋的人

　　B.常把双手置于臀部的人

　　C.喜欢把双手叠放于胸前的人

　　D.将双手握置于背后的人

心理分析：

　　A.你不擅长向别人倾吐内心，凡事都喜欢放在心里，做事情也非常谨慎，不会轻易地相信别人，有时候自信心略显不足。

　　B.你比较有信心，自主意识非常强，具有驾驭一切的魅力。你最大的缺点是过于主观，性格偏执、顽固。

　　C.你非常有耐性，不会轻易地向困难低头，这体现了你较强的自信。但是由于过分重视个人利益，所以平时的戒备心很重，拒人于千里之外，令人难以接近。

　　D.你是一个责任感非常强的人，自信心超强。可有时候非常善变，往往令人难以揣测。

情 商 提 点

　　行为举止，能够反映出一个人的内心。当一个人抓耳挠腮，那是他心里有急事；当一个人双手插兜，嘴里还吹着口哨，那说明他内心正处于悠闲愉快的状态。不同的行为举止，表现出来不同的内心世界。所以，当我们通过测试发现自己有一些问题时，那么就应当赶紧去调整，避免被挫折击倒。

93 想成就大事先看是否拥有特质

　　虽然说青少年还在学习阶段，可是适当参与一些社会实践也是非常重要的。更重要的是，我们还可以从这其中，发现你是否具有成大事的先天条件。
　　你会选择下面哪种方式来挣自己的零花钱?
　　A. 卖花
　　B. 捡破烂
　　C. 倒垃圾

 心理分析:

　　A. 你是一个脚踏实地的人，只要给你一个机会，你就可以取得很大的成就。你给自己设定一个很明确的目标，而且一直高标准严要求自己。
　　B. 你是一个非常满足现状的人，在一些平淡的事情中你也能找出一些乐趣，可是有的时候挑战一下自己也是非常不错的。
　　C. 在你心目中确实有一个非常远大的目标，在它的激励下你会一直朝着目标不断努力。同时你还是一个非常喜欢冒险的人，只要有机会，你就会竭尽所能把自己最好的一面展现出来。

或许，有的青少年会想："我现在最主要的任务就是好好学习，至于练就成大事的本事，那是以后的事情。"其实，这种想法是不对的，中国不是有句古话叫做"三岁看大，七岁看老"吗？通过现在的行为，就能得知你是否具备做大事的能力。

所以说，要想以后成大事，现在就应该注重培养自己各方面的能力，在实际生活中看看自己到底适合做什么，未来哪条路更适合自己。

94 你会怎样处理危急局面？

在生活中，经常要面对一些危急状况，碰到这样的状况你会如何处理？比如，有一天你在厨房里学烧菜，倒油的时候倒多了，油又烧得过热，导致油锅起火。从未经历过这个局面的你会怎样做？

A.马上关掉煤气，盖上锅盖

B.往油锅里倒水

C.吓得哇哇大哭

D.打电话求助家长

心理分析：

A.你是一个非常成熟的人，做事果断、冷静。

B.虽然你能够独立地处理一些危机，但你考虑问题时可能不够全面，反而不利于事情的解决。

C.你是一个缺少历练的人，在危急局面的处理上显得没有经验，以后还需要加强一下这方面的锻炼。

D.你对危机有一种恐惧感，有时候可能会采取一些比较过当的行为。

情 商 提 点

　　作为青少年，由于自身的社会经验不足，在遇到危机事件时很容易慌张，不知道该如何处理，这很正常。关键要有学习处理危机事件的意识，给自己增强处理危机的能力。那么，究竟该如何增强自己处理危机事件的能力呢？

　　首先，就是把自己最大的弱点——容易慌张——努力克服掉。其次，就是多去关注和学习一下别人如何处理危机事件的，看得多了，学的多了自然就能丰富自己的知识了，这样在危机面前才不会束手无策。

95　你成功的潜质有哪些？

　　每个人的身上都会有独一无二的优点，但是，有时候我们会因为过分关注自己的缺点，导致没有察觉到自己优点的存在。而这些优点，正是能够帮助我们走向成功的潜质。下面这道测试题，将会从不同的思维角度，帮助你找到自己的成功潜质。

　　如果是让你选择钓鱼的地方，你会选择哪里？

　　A. 山谷的小溪

　　B. 海岸边

　　C. 人工养鱼池

　　D. 出海钓鱼

心理分析：

　　A. 凡事你都给自己树立了一个非常高的目标，要求自己完成，可是你可能有点过于保守而导致常常错失良机。

　　B. 你平时心思细致，在学习中也能找到独特的方法，从而获得最大的学习效率，这是非常值得鼓励的。

　　C. 你是一个非常有信心的人，平时总是会做好一切准备，而且很有战略意识，头脑冷静而果敢。可是有时候一定要学会谦让，以免伤害到同学之间的感情。

　　D. 在学习中你会付出百分之百的热情，在这种精神状态下，你也总是会获得丰厚的回报。

 情商提点

　　每个人都有自己独特的潜质，这些潜质如果发挥得好，就成了促使自己取得成功的推动器了。因此，对于青少年来说，我们一定要练就一双发现自己潜质的眼睛，充分相信自己。

96　你是拜金主义者吗？

　　青少年正处于学习、积累阶段，过于拜金会让你迷失人生的方向。
　　假设，一个打扮得很奇怪的男人，突然开着车在你面前停下，貌似要跟你说话，你第一感觉他是什么身份？
　　A.劫匪
　　B.艺术家
　　C.高官
　　D.失恋人士
　　E.富翁
　　F.魔术师

心理分析：

　　A.你有轻微的拜金主义倾向，会为钱铤而走险，有时候太过急进反而误了事。
　　B.你向往自由自在的人生，将生活当作一种享受。你对金钱的欲望不高，不是一个拜金主义者。
　　C.在你心中，可能权利的欲望要远远大于金钱的诱惑。
　　D.你过于缺乏对物质的欲望，以至于失去奋斗的动力，安于现状，即使有发财的机会摆在你面前也会被你错过。
　　E.你是个超级拜金主义者，时刻想着怎么发财，满脑子都是金钱，为了致富可以不择手段。
　　F.你是一个花钱速度要比赚钱速度快的人，你喜欢及时行乐。不过经常挥霍，让你常常陷入"经济危机"中。

情 商 提 点

　　生活中不止有金钱，过于拜金的人，往往因为欲望强烈而急功近利，导致欲速不达。当然，也不要当一个完全没有物质欲望的人，这样会导致你失去奋进的动力。

 97 **来一场意志力大考验**

　　我们的意志和情商有着非常密切的联系。一般来讲，意志薄弱的人，情商也是比较薄弱的。那么，你的意志力究竟怎样？

　　(1) 你看到朋友家的桌子上放着一块你最喜欢吃的巧克力，可是他并没有让你吃，当他不在时，你会：

　　A.赶紧吃一块，再放口袋里一些

　　B.在那里吃起来

　　C.眼巴巴地看着

　　D.一点都不在意，也不会吃

　　(2) 你看到好友的日记就放在旁边的书桌上，而你一直都很想知道他对你的评价，你会：

　　A.匆匆地翻看几页

　　B.赶紧离开那里，防止好友误会自己

　　C.急不可待地看，然后责问他居然敢说你好管闲事

　　(3) 如果你从日记中发现了好友的秘密，极欲与别人分享，你会：

　　A.赶紧告诉别人

　　B.不会告诉任何人，但是会让好友知道我已经发现了他的秘密

　　C.努力为好友保守这个秘密

　　D.忘掉这个秘密

　　(4) 你准备自己攒钱年底去旅行，可是你在逛街时发现了一件自己非常喜欢的衣服。你会：

　　A.先买下来，然后向父母借钱去旅行

B. 买一件稍微便宜一点的

C. 坚决不买

D. 经过那家店铺的时候都会闭上眼睛

(5) 在一个疾风骤雨的晚上，你的好朋友打电话说让你出去，你会：

A. 冒雨出行

B. 委婉地拒绝

C. 很不情愿地去了

(6) 你对新年所许下的诺言所抱的态度是：

A. 懒得去想什么诺言

B. 也就几天的热度而已

C. 到适当时就违背它

D. 维持2—3年

(7) 最近就要考试了，你会不会利用晚上的时间来温习功课？会不会早上按时起床？

A. 算了吧，睡眠比温习更重要

B. 每天都要赖会床

C. 早上起来淋浴让自己清醒

D. 把闹钟调到5时半，以便能准时在6点起床

(8) 如果你在一段时间内有任务需要完成，你会：

A. 提前开始进行

B. 会一直拖到最后

C. 立即进行，而且会要求自己提前完成

D. 晚一点进行，但保证会按时完成

(9) 医师建议你多做运动，你会：

A. 走很远的路，然后坐计程车回家

B. 坚持一段时间就放弃了

C. 压根就不会这么做

D. 遵从医生的建议好好运动

(10) 如果朋友想和你一起去看夜场的电影，可是你明天早上还要有补习班，这时你会：

A. 坚持看通宵

B. 视情绪而定

C. 会看早一点的场，然后早点回家

D. 拒绝，好好地睡一觉

评分标准：

选A得1分，选B得2分，选C得3分，选D得4分。

心理分析：

总得分在16分以下：

你并不是一个缺乏意志力的人，只不过你不会去做那些你不感兴趣的事情，而那些可以让你得到满足感的你会坚持下去，但是很难会坚持很长时间。

总得分在16—28分之间：

你做什么事情之前都喜欢权衡利弊，凡事都会仔细地思考一下，但遇到极感兴趣的东西时，你的好玩心会战胜你的决心。

总得分在28分以上：

你的意志力是非常强，只要是认定了的事情，那是无论如何都不会改变的。

情 商 提 点

有些青少年会说："我不知道自己的意志力是否很强，但我的确很少放纵自己，对此，我自己也很满意。当然，有时候我也会感觉疲惫，也想放纵一下，可是我不知道该如何做才不至于一发不可收拾。心理上挺矛盾的……"

我们可以判定，这个青少年还是比较有意志力的。遇到上述情况，他其实不必改变自己的生活方式，只要稍微改变一下自己的生活内容，就不必担心因放纵而产生的问题了。

第6章

EQ

自我激励，自我释压，为自己打气

每个人的身上都会有优点，只要我们将其发掘出来，就可以汇聚成为一股强大的力量，而这种力量足以帮助我们战胜任何困难。失败了，受挫了，不要失落，不要气馁，拍拍身上的泥土继续前进，你永远是最棒的！

98 "成功"二字，你是如何看待的？

　　每个人都渴望成功，可是取得成功对于每个人的意义是不一样，动机也不一样。有的人是为了获得一种成就感，而有的人是为了获得别人的称赞。那么，你想取得成功的原因是什么呢？

　　根据自己的想法，从下列选项中做出选择。

A. 非常同意

B. 有些同意

C. 有些不同意

D. 不同意

测试题：

(1) 对我来说，从成功中获取快乐是最重要的。

(2) 我觉得团队的胜利比个人的胜利更重要。

(3) 有时候我们确实是在以成败来论英雄。

(4) 当自己犯错误时，我也会非常严厉地惩罚自己。

(5) 我把自己的名誉看得非常重。

(6) 我的适应能力非常强，时刻做好应对突发情况的准备。

(7) 一旦我下定决心，就会坚持到底。

(8) 我非常喜欢别人把我看成是个身负重任的人。

(9) 宁愿让自己的计划推迟，我也不愿意没有准备地开始一项计划。

(10) 虽然当前的学习任务非常重，我还是会克服一切困难和压力。

评分标准：

选A得3分，选B得2分，选C得1分，选D得0分。

心理分析：

　　总得分在0—15分之间：

　　你想要取得成功是因为你想获得精神上的愉悦，也是为了获得一种成就感，当你树立一个目标之后，无论如何你都会把这个任务给完成的。

　　总得分在16—30分之间：

你还没有非常强烈的成功欲望，即使是你已经具备了这个能力。只有克服自己心中的迷茫，为自己找到一个目标，你才可能会付诸行动。

总得分在31—45分之间：

你是一个虚荣心非常强的人，把别人的称赞看的非常重要。同时你机智聪明，头脑灵活，大多数只要你想办到的事情都会取得成功。

成功只是衡量自己一个阶段内的收获得失而已。青少年要正确看待成功，不要有太强的成功欲望，也不能对成功毫不在意，而是要把成功当作检验自己的手段，鞭策自己奋进！

99 对于未来你有自己的想法吗？

凡事预则立，不预则废，无论在什么时候，我们都应该给自己树立一个非常明确的目标，只有这样我们才会有前进的动力，也会因此而少走很多弯路。那么，你对未来的期许是什么呢？当然，我们通过很简单的生活细节测试，就能找到其中的答案。

有一天，你正走在大街上，突然看到有钥匙遗落在地上，你觉得是？

A.两三把钥匙

B.一大串钥匙

C.一把钥匙

心理分析：

A.从你的选择中可以看出，你现在正在人生的分岔路口，心中为自己树立了一个以上的目标，你自己也不知道该选择走哪条路。这时候你可以多征求家长和老师的看法，毕竟他们的人生阅历比较丰富，也许可以给你带来意想不到的收获。

B.你对自己的未来充满信心，觉得前方有很多美好的事物在等着你，不过你的目标并不明确。

C.你对未来已经设定了一个非常明确的目标,既然如此,就更应该激发出内心的斗志,努力朝着自己的目标迈进。

情 商 提 点

目标对于成长中的青少年来说极其重要,它是你未来走向的指示牌,也是鼓励你奋发向上的推动器。因而,我们要对未来充满期待,用明确而又切合实际的目标鼓励自己好好学习,热情对待同学和朋友,努力生活。当然,这个目标可以分阶段地设置,这样你才不会因为它遥不可及而放弃。

100 累了你会如何解压?

累了的时候你会如何给自己解压呢?现在,让我们幻想一下自己身在轮船上的举动,找出适合自己的解压方式吧。

你和家人一起去出海游玩。天空非常晴朗,你的心情也很愉快。玩了一会之后你决定休息一下。你会选择在什么地方?

A.到船的最上面去

B.到船头的甲板上去

C.到船舱里面去

D.到船尾去

心理分析:

A.你非常在意你在别人面前的表现,当你有压力的时候,缓解的办法其实很简单,只要买一些自己想吃的食物或者是买一些自己喜欢的东西,压力自然而然就会得到缓解。

B.对于你来说,缓解压力的方式就是到处去旅行。如果条件不允许,你可以去山上或者海边散一下心,眼界开阔了,心胸也就开阔了。

C.你缓解压力的方式就是和自己最亲近的人待在一起。当你郁闷时,你非常愿意向自己身边的人倾诉,他们的安慰对你来说是缓解压力最好的办法。

D.你的精神状态非常疲惫，这时候你应该放下手中的学习，先让自己静一下，等你重新找到学习的感觉时再行动，也就不会感觉压力那么大了。

情 商 提 点

人人都有压力，青少年也不例外。遇到压力时，青少年要学会释放，例如找家长、老师和同学谈心，到操场上跑几圈、大吼几声等，都是有效的解压方式。

101 羞怯只会让你愈发自卑

遇见让自己不好意思的事情，我们每个人都会有羞怯心理。偶尔出现的话它就是一种正常心理，可是如果经常这样的话，就预示着我们需要进行自我调节了。通过下面的测试，看看你是否容易产生羞怯情绪吧。

（1）你去朋友家玩，可是突然忘了他家的门牌号，这时候你会：

A.随便按一下，说不定就找到了

B.给朋友打电话询问一下

C.在小区里一家家地找

（2）如果你父母让你去机场接一个客人，而告诉了你那人的姓名及外貌特征。你在人流中看到这样一个人，这时你会：

A.走到前去确认一下

B.把写着"接×××"的牌子晃动希望引起他的注意

C.排除了其他的可能之后，你才会走上前去

（3）当你来到一个全是陌生人的场合的时候，你会：

A.犹豫半天才跨进去

B.等着熟人来再进去

C.毫不犹豫地走进去

（4）当你在班会上有和其他同学不一样的建议时，你会：

A.勇敢地站起来发表自己的意见

B.会后向有关人员私下提出

C.希望会场中有人代你提出

（5）去餐馆吃饭时遇到了一个你非常喜欢的明星，你会：

A.极想上去请他签名，可是犹豫着不敢站起来

B.在家人的陪伴下，你走上前去

C.自然地走到他桌前搭讪

（6）如果你在朋友的聚会上遇到了一个自己非常欣赏的人，你会：

A.希望他能够主动看到你

B.请朋友引见

C.自己走上前去自我介绍

（7）如果老师想让你当班会的主持人，这时你会：

A.很高兴地接受

B.答应试试，心中有点打鼓

C.觉得自己没有能力，马上推辞掉

（8）家里来了一位你从未谋面的客人，你会：

A.很自然地和别人攀谈起来

B.一开始会感到紧张，慢慢就好了

C.担心自己什么地方做得不好

（9）从店里买回一件新的服装，何时你开始穿？

A.买回来先放着，等到想穿时再穿

B.如果有别人穿的和自己一样，然后再穿

C.马上就换上

（10）如果你是一个合唱队的队员，指挥给队员排位置，你希望被安排在：

A.第一排的中间位置

B.旁边都有队员遮挡的后排位置

C.一定不能够在中间

评分标准：

选A得1分，选B得2分，选C得5分。

心理分析：

总得分在47—50分之间：

你对自己没有信心，也非常容易羞怯。无论是在生活还是在学习中，你都不想和别人争什么，遇事犹豫不决，不善于交际；同时你又非常喜欢思考，什么事情都想为别人考虑。其实，每个人都有每个人的长处，你也可以发挥你自己身上的优点。

总得分在12—22分之间：

你对自己非常有信心，通常不会感到羞怯，所以总是能够抓到一些展示自我的机会，可是什么事情都要注意好尺度，你也需要拿捏好分寸。

总得分在23—46分之间：

你的羞怯程度属于中等。虽然，它会给你的人际交往带来一些障碍，但是只要你处理好这些问题，它们也许会给你带来转机。

　　很多人到了陌生场合，或者遇见尴尬的事情，就会产生羞怯情绪，这是很正常的现象。所以，容易产生羞怯情绪的青少年不要为此而苦恼、自卑，应该想办法缓解甚至改掉这种情绪，这样才能大方自如地跟别人进行交流。

　　例如，平时锻炼自己在课堂上的胆量，尽量主动回答老师的问题；见到客人时，试着向对方问好；尽量多出入公众场合等。这样时间一长羞怯情绪自然会得以缓解。

(102) 面对机遇你是否感到了紧张？

很多时候，机会会悄无声息地来到我们身边，只有我们具备了敏锐的观察力，我们才能够好好地把握住眼前的机会，你能否把握住擦身而过的机会，赶快来测试一下吧。

例如，如果你在路上碰到了一个年轻人问路，他要去的方向和你的方向一致，而他恰恰又是你一直所敬佩的一个人，这时候你会？

A．告诉他方向相同，可以一起走

B．先告诉他怎么走，然后自己跟在后面

C．一直把他带到目的地

D．告诉他走法，自己另走一条路

心理分析：

A．相逢就是一种缘分，从你的选择来看，你很会利用出现在自己身边的机会。你

做事负责，也能有涵养地为对方着想，懂得尊重别人。

B.你对自己和他人的事情有一个非常严格的界定，你喜欢依赖别人，想要他人给你带来安全感。当身边出现机会时，你往往可以很好地把握住。

C.你喜欢付诸行动，当你察觉到机会的出现时，就会马上展开行动，所以大多数时候你都不会错失身边的机会。

D.你是一个非常胆小的人，而且意志力脆弱。当别人有求于你时，你可能会觉得那是一种负担。其实，机会也往往就是在这个时候与你擦肩而过的。

情 商 提 点

　　机会稍纵即逝，把握住了就能给学习和生活带来便利，把握不住只能让自己的道路走得越来越艰难。所以，我们要学会把握机会，培养自己的敏感度和洞察力。然后，做事要大胆，有魄力，需要仔细思考，但不要瞻前顾后。这样，我们才能把身边的机会牢牢把握住。

103 透过大扫除看学业

你是否知道，通过大扫除这样的小事，就能洞悉你的学业表现？比如，周末家里要进行大扫除，你会先打扫哪里呢？

A.浴室

B.厨房

C.卧室

D.客厅

心理分析：

A.在学习中你是非常努力的，能够全身心地投入到学业中，即使是遇到了暂时的困难，你也会利用自己的努力来克服它们。

B.你非常有毅力，同时不满足于现状，即使你已经取得了一些成就，你还是会朝着更高的目标努力。

C.你的性格有点内向，这不利于你的学业进步，你应该让自己开朗活泼一点，这样你才能不那么容易被击败。

D.你非常的机智聪明，在学习中你会灵活的运用一些技巧，从而取得事半功倍的效果。

情 商 提 点

青少年时期，最重要的事情就是学习。有些青少年则是全力以赴地对待学业，有的则是"做一天和尚撞一天钟"，这样两种心态得到的学习成绩当然不同。当然，大多数青少年都希望自己是前者，但是后者要怎么改变自己的思维，努力学习呢？

第一，要培养对学习的热情，上课认真听讲，下课认真复习、做作业。

第二，向他人学习一些学习技巧，然后灵活运用。

第三，持之以恒，不要轻言放弃，要多鞭策自己。

104 面对压力，你能否承受得住？

无论是在生活还是在学习中，我们都有可能会感受到来自各方面的压力。一些过于脆弱的青少年，容易因为压力而崩溃，但承压能力较强的青少年，却可以进行适当的调节，把压力转化成动力。

其实，想要了解自己的承受力，我们不妨通过水果进行测试。例如，你在水果店里买了一个外貌有点丑的奇异果，你觉得你会因为什么原因买它呢？

A.味道非常的好

B.点缀甜点时非常漂亮

C.看上去非常小巧

心理分析：

A.承受压力指数为5分。

你有着敏锐的观察力，能够迅速了解别人的需求，也可以很好地处理与同学的关

系，可以说是一个很有智慧的人，因此承压能力合格。

B.承受压力指数为3分。

你有着积极的人生态度，不过有时候也会多愁善感，承压能力一般。

C.承受压力指数为9分。

你是一个充满自信又肯上进的人，总能发现生活中美好的一面。在这种心态的影响下，你的承受力自然很强。

压力对于青少年来说是一个热门话题：高分压力、升学压力、家长和老师的期望压力、社会给予关注压力等等。那么，面对这些压力，青少年究竟该怎样提高自己承受压力的能力呢？

首先，用平常心看待压力，把压力当作自己人生路上的助推器。其次，转移注意力，有压力了就去关注一些使人轻松的事物。第三，劳逸结合，只有懂得放空一些没用的，才能给自己补充所需的。

测测自己的自制力有多强

你在学校是否是一个遵守纪律的好学生？犯过的错会不会再犯？你坚决不做哪些不应该做的事情？这一切，都和一个人的自制力有着密不可分的联系。那么，你的自制力有多强？

以下各题的备选答案分别是：

A.很符合自己的情况

B.比较符合自己的情况

C.介于符合与不符合之间

D.不大符合自己的情况

E.很不符合自己的情况

测试题：

(1) 你很喜欢一些体育项目，借此来锻炼自己的毅力。

(2) 你每天都会严格地按照生物钟来作息。

（3）只要是你确定的事情无论如何都要坚持到底。

（4）你会积极地做那些你想做的事情。

（5）你总是会把学习当作最重要的事情。

（6）困难只会坚定你前进的脚步。

（7）你能长时间做一件事情，虽然没有什么意义。

（8）你是一个非常果断的人。

（9）有人给你意见时，你会仔细地考虑一下。

（10）凡事你都喜欢自己做决定。

评分标准：

选A得5分，选B得4分，选C得3分，选D得2分，选E得1分。

心理分析：

总得分在16—25分之间：

你是一个缺乏自制力的人，遇到困难就会采取逃避的态度，就连你自己也很难把握自己的情绪。要想克服自己生活或学习中遇到的困难，就一定要学会培养自己的自制力。

总得分在26—35分之间：

你的自制力有点弱，一旦周围的环境影响到你，你就很难下定决心继续前进。

总得分在36—45分之间：

你的自制力一般，虽然你常提醒自己什么事情不可以做，可是有时候很难控制自己。

总得分在46分以上：

你是一个自制力比较强的人，可以很好地控制自己的情绪，对人生的方向和态度有明确的认识，受到诱惑时，你也可以找到很好的应对方法。

情 商 提 点

一个人自制力的强弱，与情商有着很大的关系。青少年的自制力高低，更是直接影响其学习、交友、生活的各个方面。因此，培养自己的自制力，应该从现在抓起，从每一件小事做起，比如说可以严格要求自己写完作业之后才能出去玩，答应别人的事情就一定要做到。同时，还可以让父母和身边的朋友来监督自己。

106 你是否习惯依赖他人？

从小到大，我们一直都被父母呵护，时间一长，很容易养成依赖别人的习惯。其实，这对成长是没有一点益处的，我们必须要学会独立起来。所以，我们就必须通过生活中的小细节，了解自己是否有依赖的心态。

当你搭乘别人摩托车时，你的手是怎么放的？

A.双手紧抱着前面的人

B.把手搭在前面那人的腰间

C.把手放在膝盖上或干脆不扶

D.手扶在后面的把手上

心理分析：

A.你非常喜欢依赖别人，总害怕自己承受太多的责任，如果让你单独做一件事情，你会十分紧张。

B.从表面上看你非常独立，但其实你的内心是很脆弱的。不过有时候，你会让自己学着强大起来。

C.你最不喜欢依赖别人，同时也不想要被人约束自己。大多数时候你有自己的想法，你的这种独立的特性有时候会让朋友们很欣赏，但对你捉摸不透的个性会有所畏惧。

D.你是一个非常冷静独立的人，干什么事情你都有一种魄力，可是有时候你有点过于死板，反而会让身边的人不太喜欢。

情商提点

青少年正处于从幼稚走向成熟的年龄，还没有完全独立的能力，因此有时候很喜欢依赖别人。依赖别人并不是什么坏事，但是太过于依赖，就会对自己的学习、成长产生不利影响。

要想摆脱依赖人的习惯，青少年就要强迫自己独立完成一些事情，尤其是在生活自理方面，一定要严格按照"自己的事情自己做"来要求自己，如洗衣、做饭、叠被子等，从而提升自己的独立能力。

107 "原则"二字还在你的心里吗？

无论做什么事情，我们都应该坚持自己的原则，这才是我们成功的关键。那么，你是一个有原则的人吗？让我们通过这样一个幻想中的测试，来看看自己是否有原则。

你一个人在森林里面走，忽然眼前有一间小屋，你想进屋休息，这时候你希望门是一种什么状态？

A.没有门

B.关闭着

C.半开半闭

D.大开着

心理分析：

A.你做事是非常冲动，并不能说是一个多么有原则的人。有时候，你的很多行为也并不一定会为别人所理解。

B.你是一个自尊心非常强的人，害怕受到伤害，原则常常会为你的自尊心让路。

C.你是一个做事情比较慎重的人，有时候因为太过在乎，而没有办法在第一时间作出一些重大的决策。

D.你是一个有主见，做事又非常果敢的人，而且原则性也很强。

情 商 提 点

作为青少年，我们已经不是不懂事的小孩子了，做任何事之前都要考虑一下自己所坚持的原则。只有做一个有原则的人，我们在学习和生活中才不会迷失自己。

那么，该怎样做一个有原则的人呢？那就是凡事都讲个"为什么"，看自己做这件事情能不能找一个站得住脚的理由。如果有，就坚持到底；如果没有，就及时收手！

108 不怕失败，就怕自满

　　自满就是我们成功路上的一颗绊脚石，如果发现自己有自满的倾向，一定要在最短的时间内及时遏制其发展。那么，你现在是否有了自满的情绪呢？

　　在下面的这幅图中，中间的圆形就相当于自己的满足感。圆的外围是正方形，可以影射你自己。你从这个图案中联想到了什么？

　　A. 从炮口看过去的大炮

　　B. 正从方形的洞中窥看的眼镜

　　C. 盒子里的CD

　　D. 饼干盒里的曲奇饼干

心理分析：

　　A. 你对自己的现状非常不满，这让你的心里非常焦急，关键是你也没有找到满足自己的方法。

　　B. 你期待得到别人更高的评价，说明你现在还不自满。其实，你只要付出了努力，别人是能够看到的，一旦你的实力提升了，好评自然而然也就上来了。

　　C. 你好像对自己的现状比较满足，可是你的潜能还没有完全发挥出来。若能好好

地发掘潜能，你一定可以做得更好。

D.你过于满足现状，以至于十分享受现状，虽然别人对你评价颇高，可是你不觉得应该给自己设定一个高一点的目标，再努力一把吗？

情 商 提 点

自满，往往与骄傲相连，一旦骄傲起来就会不思进取。在这种状态的影响下，我们就会逐渐丧失对学习的热情，不再与人竞争，不再为自己订立更高的目标，这对于青少年来说是十分不利的。

要知道，学生时代是为未来打基础的时代，决不能对学习和生活产生安逸自满的情绪。要多想想自己的未来，多给自己一些压力，让自己慢慢摆脱自满的心理。

109 上进心是我们必须拥有的

充满上进心的人，往往更容易得到别人的认同。那么，你期望自己有新的突破吗？你有没有给自己设定更高的目标？下面这个测试，可以看出你是不是一个随时都能升级自我的人。

（1）你是否经常上网？

经常——到第二题

不太使用网络——到第三题

（2）你说话快吗？

偏快——到第四题

偏慢——到第五题

（3）你常去书店吗？

是的，没事的话就去逛一逛——到第六题

次数不多，也很少会买书——到第五题

（4）平均起来，你一个月当中的心情：

应该心情好的时候较多——到第八题

心情烦闷或不关好坏的时间居多——到第九题

（5）你会不会去参加一些演唱会：

通常不会，除非不花多少钱——到第六题

应该会，毕竟机会很难得——到第十题

（6）你在餐馆吃饭等了好长时间还没有上，你会：

掉头就走，去别处吃——到第九题

破口大骂或抱怨，还是继续等——到第十题

（7）你会不会频繁地更换书包？

会，有好多款式都想买——到第十三题

很少，毕竟赚钱不容易——到第十五题

（8）你是否意志不够坚定？

是，觉得自己很容易遇到挫折就放弃——到第十二题

否，还会选择再试试看——到第十一题

（9）中秋佳节，街上正在举办活动，你会：

不喜欢到人多的地方，不会去看——到第十三题

会去看，看看他们到底在做什么——到第十四题

（10）如果你的朋友背叛你，你会：

会原谅他，以后还是朋友——到第十三题

即使原谅他，以后也会渐行渐远——到第八题

（11）你平时看哪种类型的节目居多？

评论性及谈话性的节目——A

综艺节目及连续剧节目——到第十二题

（12）就目前而言，你还满意你自己吗？

算满意，希望可以再上一层楼——B

还可以，还有许多的进步空间——到第十三题

（13）如果有人把你逼到了悬崖边上，你会：

跳下悬崖，干脆把命运交给老天爷——C

让坏人带走，也许还有活命的机会——到第十五题

（14）如果医生宣布你得了绝症，你会：

交代后事，让自己可以安心快乐地走——到第十三题

开始充分地利用自己的时间——到第十五题

（15）你会不会因为侥幸而偷拿别人的东西？

不太会，万一被抓到一辈子就完了——D

如果诱惑很大就可能会伸出第三只手——E

心理分析：

A．上进指数90%。

你是一个非常积极乐观的人，给自己设定一个目标之后，就会脚踏实地地一步步做起，不达目的，誓不罢休。

B．上进指数80%。

你是一个非常有勇气的人，不过有时候你可能会想的有点多。

C．上进指数60%。

虽然你也想成为一个非常有才华的人，可是你有点不够脚踏实地。你最应该做的就是找准自己的目标，然后一步一个脚印地走下去。

D．上进指数40%。

你是一个比较小心谨慎的人，对自己当下的状态也比较满足，不过你完全可以给自己设定一个高一点的目标，你是有这个能力的。

E．上进指数30%

你是一个非常保守的人，对新鲜事物不敢轻易尝试，其实你应该培养一下自己的自信，相信自己完全有能力。

情 商 提 点

我们能不能成功，取决于有没有一颗上进心。上进心大了，你就能勇往直前，直面学习和生活中遭遇的挫折。所以，青少年要保持上进心，不要太安于现状，多给自己设置一些挑战，诸如赶超前几名，做个几近全能的人，等等，只有这样才能在以后的人生道路上走得相对顺利、平坦一些。

110 想要自我激励，先学自主能力

自主能力，就是指我们独立自主地进行一些活动的状态。一个人是否具有自主性，其实是衡量一个人心理状态的重要标志。

现在，让我们看看你的自主能力吧：

（1）你会怎么度过你的寒暑假？

A.快快乐乐地度过

B.随意过

C.没有什么特殊的想法

(2) 在休假期间，你愿意：

A.按照自己的想法过

B.不确定

C.和别人一起策划活动

(3) 在接受困难的任务时，你总是能够：

A.非常有信心地独立完成

B.不确定

C.希望在别人的帮助和指导下进行

(4) 你希望利用休假把自己的房间设计成：

A.可以按照自己的意愿活动

B.能与同学之间交往活动的空间

C.介于两者之间

(5) 你会采取什么方式来解决问题？

A.个人独立思考

B.和别人展开讨论

C.两者之间

(6) 你希望在假期中能够交一些朋友吗？

A.可以交一些

B.还是不要吧

C.两者之间

(7) 你在假期中是不是很活跃？

A.是

B.否

C.两者之间

(8) 有人说你的脾气不好时，你会：

A.非常气恼

B.无所谓

C.有些生气

(9) 到一个不熟悉的城市找地址。你一般会：

A.自己看市区地图

B.向人问路

C.两者之间

（10）你是不是不想别人干涉你的假期？

A.是

B.否

C.两者之间

评分标准：

选A得3分，选B得2分，选C得1分。

心理分析：

总得分在15分以下：

你比较喜欢与别人合作，不愿独自做事，自主性不高，很多时候你都不能坚持己见。

总得分在16—34分之间：

你的自主性还是比较强的，并能独立完成一些工作。但对某些高难度的问题，你可能会有一点犹豫，需要他人的帮助。

总得分在35分以上：

你是一个特别有主见的人，能独立完成自己的工作计划，从来都不依赖别人的帮助。

情 商 提 点

一个人有没有自主能力，决定着他做事的态度与结果。那些没有自主能力的同学，在与人交往中，总是处于被动地位，什么事情都习惯听别人的，这对学习和生活是极其不利的。所以，青少年要培养自己的自主能力，做一个有主见的人，不要别人说什么自己就听什么；凡事不要太犹豫，要学会坚持自己的所想的。

111 远大的目标你是否还记得？

你是不是一个有雄心大志的人？现在，让我们通过一个测试，看看你的潜意识里是否有远大的目标：如果可以选择的话，你会选择下面哪个地方度假？

A.主题乐园

B.田园农场

C.人文庙宇

D.木屋水疗

心理分析：

A.你有一个很大的理想，给自己树立了一个非常远大的目标。你身上有一种永不满足的精神。当你达到一个目标之后，你会给自己树立更高更大的目标。

B.你非常善于调节，当你发觉身上的压力过大时，就会适当地进行调节，使自己一直都处在最佳状态。

C.虽然你喜欢去一些古老的寺庙，可并不是说你这个人就非常保守。其实你是一个很有创造力的人，经常会涌现出一些充满新意的想法。

D.你非常注重享受，不会给自己树立太大的目标，不会让自己感觉到很大的压力。所以，你一直生活在快乐之中。

 情 商 提 点

为自己树立一个远大的目标，其实就是为自己的人生之路找一个导航仪。对于青少年来说，我们不必为自己树立一个多么长远的目标，可以从现实出发，为自己设立一个个小目标，不要给自己太大的压力。当我们的成就感累积到一定程度之后，自然就能够爆发出更大的能量了。

112 你会坐在计程车的哪边？

拥有勇气，我们就能够开拓出一片新的天地；拥有勇气，我们就可能会取得非同凡响的成就。你是不是一个拥有勇气的人？通过坐计程车这件小事，我们就能一览无余。

当你和三个人一同乘一部计程车时，你会选择坐在哪里？

A.后排左边

B.后排中间

C.后排右边

D.司机旁边

心理分析：

A.从表面上看来你非常有自信，其实你是一个有点自卑的人，就连是和自己比较熟悉的人，你都未必能够进行比较流畅的沟通，别说是陌生人了。所以说凡事你都喜欢躲在后面，不是一个有勇气的人。

B.你的依赖性比较强，凡事都想依靠别人来帮助自己，所以你没有能力来独立完成一件事情。

C.你做事非常细致，而且又很会体贴别人。很多时候你都是一个领头者，在别人眼中是领导者的角色，自然是又有勇气，又有谋略。

D.你是一个行动派，也习惯了自己独立完成一些事情，可是你的勇气往往不是莽撞的，你会事先考虑好所有的状况，做好一切准备。

情 商 提 点

情商中，很重要的一条就是——勇气。没有勇气的青少年，在学习和日常交际中就会表现得有些自卑，不敢尝试挑战，对陌生人更是唯恐躲避不及。这样的行为，对于青少年来说是不应该出现的。因此，青少年要注重锻炼自己的勇气，尽量不要去依赖他人。另外，做事之前要细心观察和考虑，然后努力通过个人的力量去完成。

113 在危机与重压中，你会放弃什么？

我们常常会对我们拥有的东西进行排序，如亲情、友情、爱情、金钱、权利等，对这些东西正常情况下很难理出个次序，而一旦在危机与重压之中，它们在你心中的地位高低则会显露无遗。那么，危机与重压中，你会首先放弃什么，也能看出你的性格与抗压能力。

假如，你生了怪病，吃药治疗后会痊愈，但药的副作用是你身体的一个部分外部特征将会消失。左右为难中，你必须放弃一样，你会放弃什么呢？

A.头发

B.眉毛

C.睫毛

D.指纹

E.指甲

心理分析：

A.爱情。处于危机与重压中的你，顾不上什么海誓山盟了。爱情是你最不稀罕的东西，是你无聊时的玩物。你处理压力的方式是非常决绝的，但有时候并一定能收到好的效果。

B.友情。同欢乐共患难的友谊对你来说一文不值，你交的朋友都是利益场的朋友。这说明你是个理性得有点极端的人。多数时候能够无视压力，但当压力大到一定程度时可能使你崩溃。

C.意志力。你一直不太注重意志的真正力量，性格上缺少坚韧的一面，也导致你的抗压能力比较弱，令你经常处于焦虑和恐慌中。

D.尊严和道德。为摆脱危机与重压，你会不择手段去做一些事。虽然有时候确实收到了比较好的效果，但你完全摒弃道义的做法会令身边人极度反感，可能不会有一个好的人际关系。

E.逻辑思维。你一贯是个不够理性的人，面对重压与危机时，首先自己就乱成了一团，在这种心态下自然不可能从压力与危机中解放出来。

情 商 提 点

看一个人面对压力的态度，就能看出一个人的能力与素质。面对压力首先要保持冷静的头脑，将要解决的问题逐一列出来，分清轻重缓急，可以先从小问题入手解决，然后逐个攻破，最后将所有问题扫清。

114 争强好胜只能让压力越来越大

每个人都有好强的时候，这并不是一件坏事情，只要拿捏好尺度，对我们的进步是很有益处的。那么，你是不是一个争强好胜的人？是不是总是和自己身边的同学和朋友作比较？

你认为：

A. 在和朋友竞争时也许会影响到我们之间的友谊

B. 没有最终赢家的游戏很乏味

C. 我总是严格要求自己，要让自己比别人做得更好

D. 很多时候我都是随大众，而不是依据自己的喜好

E. 在和对手竞争时我非常享受

F. 我很害怕同别人竞争

心理分析：

　　如果你在问题B、C、E上回答"是"的话，这说明你是一个非常好强的人，无论是在生活还是在学习中，你都给自己制定了一个比较严格的标准，而且要求自己做到最好。虽然这样你进步会非常的快，但是有时候过于好强的话，很可能会给自己带来很大的压力。

情商提点

　　争强好胜并不是坏事，关键是把握好那个"度"。如何把握那个度呢？首先，要有自己的是非观，知道什么事情该争什么事情不该争。其次，凡事不能太过苛刻，要给对方留条后路。这样，我们才能在良性的竞争中提升自己的情商。

115 忍耐力，你无法规避的三个字

　　在烦躁情绪的压力下，如何才能保持我们情绪的最佳状态？这就牵扯到我们个人的忍耐力。那么，你是不是一个有耐性的人？

　　根据自己的真实想法，从"总是"、"经常"或"从不"中选择一个选项。

　　（1）就算是别人不赞成你的观点，你也能虚心接受。

　　（2）你是一个经常会反省自我的人。

　　（3）不管遇到了什么样的挫折，你总是对自己充满信心。

　　（4）做选择时你会非常慎重地考虑到所有的因素。

(5) 你会在恰当的时机做出正确的选择。

(6) 对制定的决策能坚持贯彻执行。

(7) 如果自己的合作伙伴没有把事情做好，你也会耐心地告诉他，而不是发脾气指责别人。

(8) 你总是能够站在长远的角度来考虑问题。

(9) 面对成功你也会保持冷静的态度。

(10) 在吵闹的环境中你仍然可以很专心地看书。

评分标准：

选"总是"得4分，选"经常"得3分，选"从不"得0分。

心理分析：

总得分在10分以下：

你是一个忍耐性非常差的人，对于周围的环境也总是不能很好地适应，如果别人违背你意愿时，你会感到很不舒服。

总得分在30分以上：

你是一个忍耐性非常强的人，即使别人的行为让你很反感，你都能够给予充分的理解。你的性格非常好，不与别人斤斤计较，善于与人沟通，大家都喜欢与你交往，你的人际关系也因此而非常好。

总得分在10—30分之间：

你的忍耐性不算太差，也不算太好。你总是试图然自己更有忍耐力一些，但总是做不好。其实，你在待人处事时应该学会宽容一些，宽以待人严于律己，但又坚持原则，最终是非曲直自有公论。

情 商 提 点

　　没有忍耐力的青少年，总是过于看重自己的感受，如果周围的人和事超出了他的忍耐范围，他就会发作或者选择逃避。其实，有时候我们不要总是以自己的心情为基准要求别人，而是应该多给别人一些关心。当然，这需要青少年去学习保持冷静和克制的方法，如经常在嘈杂的环境练习静心，原谅他人的某些过分行为等，培养自己的忍耐力。

第7章

EQ

学会理解他人

　　理解是一种巨大的力量。当一个人犯错误时，理解他人，我们就可以化干戈为玉帛。学习宽容别人，多站在别人的角度去思考问题，对我们来说也是一种别样的风景。

116 也许你就是敏感的那类人

拥有一颗敏感的心，可以让我们注意到许多重要的细节，还可以完善我们做的事情。可是当一个人过于敏感时，就会对别人疑神疑鬼，不要说理解，就是普通的交流都很困难。那么，你是否是一个敏感过度的人？

根据自己的想法，你可以选择"是"或者"否"。

（1）你会不会当面夸赞一个人，背后又说这个人的坏话呢？

（2）你是不是经常说自己讨厌背后饶舌的人，却又偏偏喜欢背后评价别人？

（3）你总能找到许多理由来为自己辩解？

（4）当你和好朋友发生矛盾时，你总会把错误归结到朋友的身上？

（5）对于你相信的事，你会不会说服别人也相信？

（6）你总是不愿意提自己的过失，却爱揪住别人的错误不放？

（7）当你总说一个人的坏话时，你又会因为愧疚而下意识地去奉承他？

（8）你总是容易放大身边人的缺点？

（9）你是否总觉得自己付出很多，可是回报却很少？

（10）你会不会为了和同学攀比而买一些自己根本不需要的东西？

评分标准：

选"是"得1分，选"否"得0分。

心理分析：

总得分在8分以上：

你是一个非常敏感的人，一些小事情你都可能会大做文章，而且你的心胸狭隘，自我意识太强。

总得分在4—8分之间：

你的敏感程度一般，有些事情是你能够承受的，一旦超出了你的极限，你也会发脾气，做出一些不理智的行为。

总得分在4分以下：

你一点都不敏感，是一个粗枝大叶的人，可是这种状态久了，你非常容易错失一些重要的机会。

情 商 提 点

　　敏感不是一个贬义词，但过于敏感就会对我们的学习和生活不利。例如，有时候别的同学的一句玩笑话，你就特别敏感，可能会记很长时间，这样你在学习和与人交往时就会老想着这件事，不能全身心地投入到当前的事情中。所以，青少年应该尽量克制自己过于敏感的心理，凡事都往好的方面想，同时也不要太粗枝大叶，做到适度敏感最好。

117 你是否懂得换位思考的道理？

　　在那些成大事人的身上，都具有出色的换位思考的能力。能站在对方的角度思考问题，我们就会有意想不到的收获。那么，你在这方面的能力怎么样呢？

　　根据自己的想法，你可以选择：A.是的，B.不是。

　　(1) 你总是想用一种有趣的方法和别人交流？

　　(2) 当你的好朋友做了一件对不起你的事情之后，你会很快原谅他？

　　(3) 你认为要想让别人对自己好，自己首先要对别人好？

　　(4) 你从来都不觉得自己有多聪明？

　　(5) 身边的朋友都觉得你非常的善解人意。

　　(6) 只要一个人的出发点是好的，就算他的方式不太合理你也能够理解。

　　(7) 当朋友疏远自己时，你会首先考虑是不是自己的原因。

　　(8) 和一个自私的人交往时，你会适当地做出让步？

　　(9) 面对当下所发生的一些事情，你总是能够做出非常深刻的剖析？

　　(10) 你认为人与人之间无论矛盾有多深，都有和解的可能和途径，是吗？

评分标准：

选"是的"得1分，选"不是"得0分。

心理分析：

总得分在6—10分之间：

你会站在别人的角度来思考问题，总能够设身处地地为他人着想，换位思考能力非常强。毫无疑问，你的人缘非常好，也是一个解决人际关系难题的高手。

总得分在3—6分之间：

你的换位思考能力还有待提高，在有些事情上面你还做不到这一点。

总得分在0—3分之间：

你从来都不会换位思考，是一个有点自私的人，总是不由自主地站在自己的立场上为人处世。因此，你的人际关系也非常差。

情商提点

　　换位思考是人与人之间交流必须掌握的方法，它能让双方站在对方的立场上考虑问题，理解对方，包容对方。因此，青少年想要学会理解他人，就应该学习换位思考的方法，并不断提高自己的这种能力。同时，这就要求我们在做事之前，不要只建立在自己的利益之上，要考虑一下他人的感受。当别人做了有损自己的事情时，要想想对方为什么要这样做，反思一下自己有没有做错的地方。

118 你的心灵，是一套怎样的房子？

俗语说，舞台随心大。一个心胸不够开阔的人，就不能做到理解他人。那么，你的心胸有多大呢？

（1）如果让你在一张纸上画一个圆，你会画在什么位置？

正中——到第二题

左下角——到第二题

左上角——到第三题

右上角——到第四题

右下角——到第五题

（2）你会用什么颜色来画圆？

蓝色——到第四题

粉色——到第三题

黄色——到第五题

绿色——到第八题

(3) 看到这个圆你会想到什么?

速度——到第四题

车轮——到第六题

人生——到第五题

(4) 如果可以的话,你想把圆形拉成一个什么样的线?

曲线——到第十题

直线——到第六题

折线——到第五题

(5) 在圆上画一个三角形,你会怎么画?

圆包围着三角形——到第十一题

三角形包围着圆——到第六题

三角形和圆交叉着——到第七题

(6) 虽然三角形具有稳定性,但在你看来哪种三角形更稳定?

等腰三角形——到第七题

等边三角形——到第九题

直角三角形——到第八题

(7) 你认为什么颜色最好看?

橙红色——到第十题

天蓝色——到第九题

米黄色——到第八题

(8) 如果用图案来形容你的性格,你觉得是什么?

圆形——到第十二题

正方形——到第九题

长方形——到第十一题

三角形——到第十三题

(9) 你觉得心地善良的人像以下哪种图形?

紫色的三角形——E

蓝色的圆形——到第十题

绿色的正方形——到第十二题

(10) 你觉得坏心肠的人像以下哪种图形?

灰色的长方形——到第十一题

褐色的菱形——D

黑色的五边形——到第十二题

（11）什么颜色的衣服让你觉得最显眼？

绿色——A

红色——到第十三题

黄色——到第十二题

紫色——H

以上均无——B

（12）你希望自己未来的房子有几个房间？

一个房间——到第十三题

两到三个房间——F

五个以上的房间——G

（13）你喜欢睡什么样的床？

双人床——F

单人床——C

吊床——B

心理分析：

A.老式住宅56平方米：人生总不可能事事如愿，我们需要宽容待之，不要总记着别人的不好，这样你的心胸就会开阔许多。

B.新式公寓小户型39平方米：你这个人有时候有点极端，判断对错也要具体情况具体分析，有时候你总是妄下断语，可能会让人觉得你很小气。

C.精装修小高层116平方米：你的个性非常独特，但有时难免会有点儿小心眼，从而陷入思维的死角。不过只有靠你自己解开自己的心结，让自己紧绷的神经放松下来吧。

D.海边观景房102平方米：你是一个独立的人，性格也非常的活泼。不过你内心深处是非常渴望别人的关心的，所以有时候你不必伪装自己。

E.日式榻榻米56平方米：你有时候有点小心眼，要想让自己开心起来，去试着理解别人的思维吧，不是所有人都必须按照自己的思路走。

F.爱尔兰古堡10亩：你是一个非常真实的人，因为这一点，你身边的人都非常喜欢你。可是有时候，你可能有点欠缺谨慎的态度，会不由自主地指责别人，这点是需要注意的。

G.普通居民楼150平方米：你平时有点过于谨慎，给别人一种小心翼翼的感觉。

H.传统四合院128平方米：你是一个比较保守的人，一般情况下不会轻易冒险，不愿和别人多说什么，更不愿去理解别人。

心胸有多大，舞台就有多大。青少年也一样，没有广阔的胸襟，你就无法去体会理解别人的快乐。这样的你，永远只能活在小小的地方！

119 你能理解别人的优秀吗？

看到别人取得了比自己更好的成绩，我们难免都会有嫉妒的时候。适量的嫉妒可以转化为我们内心的动力，而过分的嫉妒就会危及到我们的身心健康了。那么，你是不是一个容易嫉妒的人呢？

假设，和你一个比较好的朋友原来成绩没有你好，可是这次考试突然超过了你，你觉得？

A.真心为她感到高兴

B.心里面会有点难受，但是过一段时间就好了

C.开始渐渐地疏远对方

D.接受不了，当即决定不再和他做朋友

心理分析：

A.你没有一点嫉妒心，对所有事情都能坦然处之，积极乐观，看待事情时总是先想到积极的那一面。因此，你和身边的朋友总能和谐共处。

B.你有一点嫉妒心，可是你马上就能够意识到这种心理是不正确的，然后及时地调整过来。

C.你的感情复杂，当有嫉妒心理时，虽然嘴上不说，但是会用行动表达出来。

D.你的嫉妒心非常强烈，而且持续的时间也比较长，任何一件小事都有可能激起你的嫉妒心。

　　嫉妒心理在青少年中非常普遍，由于青少年心理还不够成熟，很容易受外界刺激而产生嫉妒心理，比如说，某某同学家里自己家有钱，某某同学学习好，某某同学长得漂亮，等等。要改善嫉妒心理，首先就要正确看待自己与他人的差距，承认和理解他人的优越。其次，正确看待竞争，嫉妒往往源于竞争，竞争出现偏差就容易产生嫉妒心理。第三，就是进行自我约束，摆正自己的位置，驱散嫉妒心理。

120 父母的举动你可以理解吗？

　　在孩童时期，我们每个人都有和父母发生矛盾的时候，在这种情况下，你会不会选择离家出走？会不会和父母怄气？不要着急着回答，让我们通过给母亲送花的细节，来看看你能否理解父母。

　　在母亲节的日子，如果可以选择的话，你会选择用什么来代替康乃馨？

A.桔梗花

B.百合花

C.紫罗兰

D.向日葵

心理分析：

　　A.你觉得自己已经长大了，不想再依赖父母。你的自尊心非常强，也有独当一面的能力，对待父母的教导，你也能够完全接受。

　　B.虽然说你的独立性也非常强，但你的心智还不太成熟，当父母对你批评过度时，你也许会闹一点小脾气。

　　C.你是一个依赖性非常强的人，有时有点冲动，但是当你冷静下来时，就可以理解父母的苦心了。

　　D.你平时很少和父母沟通，也很少和父母闹矛盾，亲情有点淡薄。

和父母发生矛盾，对于正处于青春期、叛逆期的青少年来说很普遍。因为这个时候的我们，对自由独立有着特殊的向往之情，一旦自己的心情、行为得不到家长的理解，难免就会对家长产生埋怨的心理。要想避免这一事件的发生，作为青少年要主动地跟家长沟通，让他们明白自己拥有独立的思想，有自主决定一些事情的权利。

121 面对他人的插话，你有怎样的理解？

每个人都不喜欢被人插话，所以面对别人的打断，都会做出不同的反应。如果有人在你讲话时突然打断了你，转移话题，你会怎样理解他的这种举动，又会做出怎样的行为：

A. 告诉对方插话是非常不礼貌的，自己需要尊重

B. 等对方讲完，再接下去讲

C. 跟对方抢着讲，看谁声音大

D. 把剩下的话吞下去，全当什么都没有说

心理分析：

A. 你的气势非常强，在你讲话的时候，不许别人插嘴或打断，否则你一定会站起来据理力争。同时你还是一个很自我的人，你想做的事，别人是一定不能干涉的。由此可见，你理解他人的能力很欠缺。

B. 你有什么话从来不会憋在心里，一定会讲完。但是你很能沉得住气，会选择用最合适的方式来取得最好的效果。这就是一种理解他人插话的好方法。

C. 你是一个非常冲动的人，没有一点忍耐性。一旦有人激怒你，你就会直接爆发出来。这样，你们双方都不能互相理解，必然会产生强烈的摩擦。

D. 你是一个严重缺乏自信的人。就算是别人突然打断了你的话，对你表示了不尊重，可你还是会选择忍气吞声。表面上看，你的这种做法是理解他人，但事实上是最窝囊、最不理智的一种做法。

169

　　人与人之间，进行沟通的主要方式就是语言交流。作为青少年，有时候并不懂得语言交流的技巧，总是喜欢用强势的话语强迫别人听你讲，当别人打断你的话时，你又会表现得相当冲动。这样其实并不好，因为你不能理解对方的真实意图，更不能让对方理解你的想法。

　　事实上，我们在谈话中要做到沉着冷静，自己把话说完的同时，也要给别人说话的机会。当别人打断你的话时，你要耐着性子听别人讲完再开口给别人提建议，这样才能收获双赢的局面。

122 试着理解别人，降低敌对情绪

　　当你因为一件事受到伤害之后，非常容易对他人产生抵触情绪。可是我们也知道，这种情绪对我们的生活会产生非常不利的影响。所以，我们一定要看一看，自己到底有这样的情绪吗？

　　（1）你会不会经常讨厌某些人？

　　A. 对有些人和有些事确实如此

　　B. 偶尔会这样

　　C. 很少这样

　　（2）你是一个固执的人吗？

　　A. 不是的

　　B. 是的

　　C. 不确定

　　（3）你对人的态度一般是：

　　A. 一直对人都是非常粗鲁

　　B. 有些时候不太礼貌

　　C. 自己对别人的言语是比较和善的

　　（4）你经常挖苦别人吗？

A.不会

B.经常

C.偶尔

(5) 你会不会羡慕他人?

A.很少

B.会羡慕某些人

C.非常痛恨那些过得比较好的人

(6) 你是否具有嫉妒心?

A.很少嫉妒别人

B.正在慢慢学习不要嫉妒别人

C.根本就不知道嫉妒是怎么一回事

(7) 你有没有耐心?

A.非常缺乏耐心

B.绝对很有耐心

C.不太确定

(8) 你信任别人吗?

A.是的

B.有的人不能够信任

C.什么人都不信任

(9) 你的脾气好吗?

A.偶尔会发脾气

B.经常发脾气

C.基本上不发脾气

(10) 你会在背后评论别人吗?

A.是的

B.从来都不会

C.偶尔会

得分表

选项得分 \ 题号	(1)	(2)	(3)	(4)	(5)	(6)	(7)	(8)	(9)	(10)
A	1	3	1	3	3	1	1	3	2	1
B	2	1	2	1	2	2	3	2	1	3
C	3	2	3	2	1	3	2	1	3	2

心理分析：

总得分在10—14分之间：

你有着很严重的敌对情绪。其实，你可以这样暗示自己："这种情绪对事情的解决没有一点帮助，不应该有这种心态！"你还可以和自己的亲密朋友冷静地谈论引起这种敌对感的人，找到引起你产生敌对感的根源，这也会帮助你消掉这种情绪。

总得分在15—24分之间：

你的敌对情绪非常轻微，只要使用一些小方法来控制自己，那么马上就能够调节过来。

总得分在25—30分之间：

你几乎没有敌对情绪，有着非常开阔的胸怀，所以说你的人际关系非常好，身边总是有好多朋友。

情 商 提 点

人一旦产生敌对情绪，就会感到很不安，甚至开始排斥自己，怕和别人交往。其实完全不用这么做，每个正常的人都会对别人、对命运甚至对自身产生敌对情绪，只不过我们需要克制在一定范围之内。

想要克服这种心理也是非常简单的，首先，你要经常提醒自己不要陷入"敌对心理"的漩涡中，处世待人时注意纠正。其次，我们需要多尊重别人，多发现别人身上的优点，这样就能避免问题的出现。

---

123 尝试着理解别人对你的疏离

每个人都不可能独立地生活在这个社会中，只有和我们身边的每个人和谐相处，做事情时才会顺风顺水。可是，你是否有时会感觉到别人总是要疏离你呢？

先别着急着解决问题，做一做下面的测试吧。可以选择"是"或"否"。

（1）你是不是经常觉得自己被这个世界抛弃了？

（2）你总是在为自己的未来而担心？

（3）如果你的朋友找你出去玩的次数少了，你就非常难过？

（4）有时候付出很多，并不一定得到很多？

（5）当你为各种考试而变得焦头烂额时，你就会有想要放弃的念头？

（6）就算一个人表现得再友善，他也不一定就能交到许多朋友？

（7）很难在朋友中找到一个非常信任的人？

（8）你觉得现在想要找到一个真心朋友实在是太难了？

（9）现在讲究信用的人非常少？

（10）现代社会总是在不断地变化，所以也没有一成不变的准则？

评分标准：

选"是"得1分，选"否"得0分。

心理分析：

总得分在0—3分之间：

你是一个非常容易亲近的人，和身边的人也总是能够保持非常好的沟通，人际关系非常不错。

总得分在4—7分之间：

你的亲和力也还好，偶尔会有疏离感。这时候，你记着别总是指责别人，而应该尝试多理解别人。

总得分在8分以上：

在周围环境的影响下，你会有严重疏离感。所以，你必须要做的是改变自己，从自己身上找找原因。

情商提点

有些青少年没有朋友，不是因为他不优秀，不渴望与人交往，而是由于他不经意的不当行为让别人产生了误会，诸如说大话，失信于人，时常带着忧郁情绪，表情严肃不爱开玩笑……

所以说，当他人对你有意见时，别总想着是别人的不好。听听别人的意见，理解别人的指责，这样我们才能从孤独的环境中走出！

124 你能理解别人的失误吗？

看到别人犯错时，我们大多数人都会有数落别人的冲动，对他人尽是不理解。在日常生活中，你能理解别人的失误吗？

现在，让我们通过虚构的画面，看看你的潜意识里是怎么想的：在路边的榕树下面，你觉得最应该有什么？

A.座椅

B.咖啡厅

C.花园

D.路边摊

E.秋千

心理分析：

A.数落人指数：50%。

你总是没有办法控制自己，在别人犯错误时，你总是控制不住想要唠叨几句，不过你是想为了对方好才这么做的。

B.数落人指数：80%。

你是一个自我意识很强的人，一旦一个人超过了你的忍耐极限，你就会爆发出来。

C.数落人指数：20%。

你的自我调节能力非常强，可以说是不喜欢数落别人，即使是别人犯了很大的错误，你也会宽容别人。

D.数落人指数：99%。

你是一个非常喜欢数落别人的人，只要是你认为不对的事情，你一定跳出来主持正义，是一个非常有正义感的人。

E.数落人指数：40%。

如果没有把你逼到一定程度，你是不会轻易爆发的。俗话说退一步海阔天空，可是如果遇到对方的态度实在太恶劣时，你就没有办法控制自己了。

情 商 提 点

　　金无足赤，人无完人。在和同学、朋友相处的过程中，我们会发现对方的一些做法和习惯是我们比较反感的，因而就去数落对方。我们这种做法无可厚非，但是经常毫无顾忌地数落对方，会对双方关系产生不利的影响。

　　要想法改善这种现象，我们可以采用多种方式，例如暗示对方，让对方自己去领悟。当然要记得，私下谈话时态度要诚恳，不能伤害对方的人格和尊严。

125 你能尝试着去倾听别人的话吗？

　　在我们需要做出一个选择的时候，如果能够耐心地听取一下别人的意见，也许能够给我们带来意想不到的收获。那么，你是一个善于倾听的人，还是一个只会刚愎自用的人？当然，想得到答案，我们就应当看看潜意识里，自己是怎么说的。

　　假设，如果你现在正在一个度假村里面度假，窗边突然出现一双正在游戏的动物，可是你只能看到它的耳朵，你觉得应该是什么动物？

　　A.狐狸

　　B.兔子

　　C.小熊

　　D.野猫

心理分析：

　　A.你是一个非常好的倾听者，不但能听懂谈话者的心声，同时你还会有一些自己的见解，你是可以非常愉快地与别人谈心的人。

　　B.你最擅长就是和别人进行幽默的谈话，因此，是一位能倾听快乐谈话的人。可是如果是过于严肃的话题，你可能就不太适合了。

　　C.你是一个有点自私的人，如果是关于自己的话题，你就能够进行比较好的沟通。可是对于别人的事情，你就没有那么耐心了。

D.你是非常不善于倾听的，别人跟你说话时你往往不能耐心倾听，而且常常把对方的心情弄得更糟。

情 商 提 点

和同学交往时，倾听往往比侃侃而谈更能赢得对方的好感。青少年的表现欲比较强，往往注意不到倾听的重要性，所以总是做不成好的倾听者。这一点，需要在实践中慢慢改善。

比如说，我们要善于去观察对方的心情，如果对方情绪低落，我们最好保持沉默，耐心地听他把话讲完。另外，要尽量克制自己的"话唠"毛病，把说话的机会分给别人一点。

126 友谊出现裂痕，你们该怎么办？

学生时代建立起来的友谊是最单纯，也是最长久的。朋友在一起待的时间长了，也会有发生矛盾的时候。当你和你的朋友意见相左的时候，你能理解他的选择吗？

假设，你和朋友正在KTV里面唱歌，朋友坐在左边，看麦克风是红色的，那么坐右边的你，看麦克风是什么颜色的？

A.粉红色

B.蓝色

C.黄色

D.绿色

E.白色

F.银色

心理分析：

A.你们发生矛盾时，可以找一个和事佬，只要把事情解释清楚，你们是非常容易冰释前嫌的。

B.你们之间存在着误会，一时冲动之下才会有了矛盾，你们应该先让自己冷静下来，然后再找解决问题的办法。

C.你们把时间全都浪费在了争吵上面，其实只要自己肯让步，先道歉，问题马上就可以解决了。

D.你这个人自我意识太强了，总觉得自己才是正确的。你应该放松姿态，换一种方式和朋友交流。

E.时间是一剂良药，如果你们急着想要和好，结果反而可能会坏事，还是让对方先平静一段时间再解决你们之间的问题吧。

F.如果很难开口的话，可以通过书信或者邮件的方式来解决。这样就可以避免面对面的尴尬。

朋友之间闹别扭是很正常的事情，所以青少年们不能在友谊一出现问题时，就选择最极端的方式与对方进行"冷战"、"火拼"，甚至绝交。事实上，我们可以先试着冷静下来，分析一下对错，理解对方的做法，之后再找机会跟朋友好好谈一谈。如果抹不开面子，可以采用发短信、留纸条的方式解决。

127 想要理解他人，先接受他的道歉

每个人都有犯错的时候，对于你来说，自己会比较受用什么样的道歉方式？不要小看这个问题，它决定了你的度量。

下面，让我们进行一个假设，通过潜意识里的个人形象，来看看自己的内心思维：棒球场的投手、接球手、垒手、外场手，看看你可以胜任哪一项任务？

A.垒手

B.接球手

C.投手

A.你是一个比较大大咧咧的人，只要别人真诚地道歉，你很容易就会接受别人。一个拥抱，也许就能够把你和对方的距离拉近。这样的人，自然也会比较容易理解他人的难处。

B.你最受不了的道歉方式，就是对方一直喋喋不休地说，从而失去耐心。这种行为从侧面反映了，你的理解能力有限，对他的消极看法并没有消除。

C.你非常要强，什么事情都要占上风。你首先会要求自己的朋友先口头道歉，然后还要对方在行动上做出一些表示。可以说，你对待朋友犯错误后的道歉要求非常高，但这只能证明，你根本没有理解对方的歉意，依旧带着一种盛气凌人的态度。

　　如何面对一个人的道歉，这很能考验我们对他人的态度。理解他人，自然就容易接受；不理解他人，就会显得依旧咄咄逼人。可是我们也都知道，倘若选择后者，总是把自己放在中心位置，那么我们将永远无法与他人建立正常的人际关系。久而久之，对方也会对你感到失望，最终选择疏远你。

哪一类人是你最无法理解的?

　　每个人都会有自己讨厌的接触人的类型，他们身上可能会有让你无法忍受的毛病，也有可能会让你觉得没有办法沟通。那么，你最害怕自己和哪种类型的人相处呢? 赶快来测试一下吧。

　　下面哪种人你不能够长期相处?

　　A.城府很深，很有心机的

　　B.做事慢慢吞吞的

　　C.暴力型

　　D.比较啰唆的人

心理分析:

　　A.你不喜欢去揣摩别人的心思，所以你才总是受欺负。尤其是面对那些比较聪明的人，你更是没有办法去面对。其实你之所有这么反感，也是因为你对自己没信心的缘故。你没有办法克服自己的心理障碍，所以还是离这种人远点吧。

B.你的脾气非常的急躁，做每件事情你都想着急于求成，这样子你才会觉得心安。所以一旦让你去处理一些比较重大的事情，你的内心就更加焦躁不安了。对于你来说，如果是遇到那些性格温吞吞的人，你的快节奏会让他人完全没有办法适应，自然也就不会很好地相处了。

C.你是一个有暴力倾向的人，一旦冲动起来，很难去考虑别人的感受。如果是遇到那些非常难沟通的人，你的脾气就会上来，很可能会做出一些很暴力的事情。对于你来说，只有那些能够和你说得上话的人才能够和你和平共处。

D.你是一个缺乏自信的人，所以你很愿意把自己封闭起来。对于那些想要干涉你私生活的人，你是非常反感的。特别是那些很啰唆的人，他可能是在关心你，却被你以为是想要窥视你的隐私。

情 商 提 点

我们在校园中以及周围的社交圈内，所认识的人并不一定都是自己喜欢的，也有一些人是自己非常不愿意与之相处的。面对这种情况，我们首先要调整好心态，看自己是否对他人有偏见，如果是自己的问题就要及时改正。

另外，这类人如果在品行上没有什么大的毛病，我们要学着宽容，接纳他们。如果他们实在是难以相处的人，那么我们可以采用委婉的方式拒绝和他们交友，而不是伤害别人。

129 面对这样的问题你会试着理解吗？

生活中，总会不断地有意外来打乱我们的计划。不同个性的人，面对这些小麻烦时会怎么解决呢？例如，你在放学回家的路上遇到了堵车，回到家时已经非常饿了，可是父母晚上要请的客人还没有来，这时候你会不会要先吃呢？

A.一定要等到客人来了再吃

B.可以先找一些零食垫一下

C.还是先填饱肚子要紧

D.委婉地征求一下父母的意见

心理分析：

A. 你是一个非常要面子的人，也非常有耐性，基本上可以理解别人，不会因为小问题就大发雷霆或做出其他行为。

B. 你是一个争强好胜的人，尤其是在竞争的氛围中，你更容易被激发出来动力。可是一旦发现别人比自己强，你就会无法理解他人，觉得是对方在和自己故意使坏。

C. 你做事会遵从自己的意愿，根本不愿意去理解任何人，做什么都按着自己的性子来。

D. 你非常聪明，总能够想出一些比较奇妙的点子，会尝试着理解他人的思维，然后再作决定。

　　在我们的学习和生活中，总会遇到一些磕磕绊绊，如果不理解别人，那么必然会导致自己耍小性子。这样的人永远都长不大。所以，我们必须去尝试着理解他人的心理，这样你的情商才能飞速提升！

130 想要理解他人，先学宽容他人

　　当一个人真正拥有博大的胸怀时，看事情才会看得比较长远，才会懂得什么叫作理解他人。那么，你是一个拥有大胸怀的人吗？

　　根据自己的想法，你可以选择A.是，B.不知道或都有可能，C.不是。

　　(1) 生活中导致你不开心的原因非常多。

　　(2) 你总是会为一些小事而耿耿于怀。

　　(3) 当别人不理解你时，你非常容易发火。

　　(4) 你是否经常不愿跟人说话？

　　(5) 一个吵闹的环境很容易让你分心？

　　(6) 你是否会长时间分析自己的心理感受和行为？

　　(7) 你是一个情感大于理智的人。

　　(8) 在和别人争论时，你的嗓门总是很大。

　　(9) 有时候你会有点自卑。

　　(10) 就算是美食都没有办法治愈你失落的情绪。

评分标准：

选"是"得0分，选"不知道或都有可能"得1分，选"不是"得2分。

心理分析：

总得分在15分以上：心胸开阔的类型。

你的心理状态非常好，能够驾驭生活中的各种情况。你给人的印象很可能是独立、坚强，身边的朋友都喜欢向你征求意见。

总得分在8—15分：容易发脾气的类型。

你简直受不了一点委屈，可是冲动之后你又马上会后悔。所以，你要学学多控制自己的情绪。

总得分0—8分：心胸狭窄的类型。

你是一个心胸非常狭窄的人，对很多事物都容易产生怀疑。这个缺点是非常严重的，你应该赶紧进行自我批评，自我修正。

情 商 提 点

一个拥有博大胸怀的青少年，不会因为一点小事就与人吵闹不休甚至大打出手，而能以豁达的胸襟看淡一时的失败和他人的伤害。而要想做一个拥有博大胸怀的人，我们就要学会宽容待人，以平和的心态对待周围的人和事。同时，还要学会观察和分析，多站在他人的立场上考虑问题。

131 你是一个记仇的人吗？

宽容，这是一个人应当具有的美德。宽容的反面是记仇，它会造成人的内心冲突和思想压力。那么，你是一个记仇的人吗？

下面的问题，请选择"经常"、"有时"或"很少"来回答。

（1）对于意见不一致的人，你是否总是嘲笑他们？

（2）同学是否指责你过分敏感？

（3）如果你的努力没有得到老师赏识，你是不是感到有些不开心？

（4）和别人的摩擦，你会一直记着吗？

(5) 对于过去的事情，你是否总是耿耿于怀？

(6) 那些态度不好的人，能够得到你的原谅吗？

(7) 身体上的疼痛，是否会让你感到很不安？

(8) 你还是想报复曾经的仇人吗？

(9) 班委选举，如果有人不支持你，你是否会特别留意他？

评分标准：

选"经常"得3分，选"有时"得2分，选"很少"得1分。

心理分析：

总得分在22—27分之间：

看来你非常记仇，你总是无法理解任何人，这给你带来了无尽烦恼。

总得分在16—21分之间：

你既不记仇也不宽宏大量，有时候容易忘记仇恨，但有时候陷入某种情绪无法自拔。

总得分在9—15分之间：

恭喜你，你很懂得宽容，这使你能够与朋友友好相处。

情 商 提 点

　　想要忘记仇恨，这本身不是一件容易的事情，尤其是对于青少年来说。当你不理解别人时，不妨静下心来想一想，站在对方的立场上考虑下；而当别人因为错误向你道歉时，也应该给别人改正的机会。总之，冷静一点，没有人是十恶不赦的。

132 对待别人，你是否很偏执？

　　有些情况下，固执不是一件坏事，因为它可以让你坚持原则，为你添加一份魅力。可是一个人一旦走向极端的固执时，也就变成了一种偏执。一旦充满了这种情绪，你又怎么可能理解他人，怎么可能不戴有色眼镜？

　　那么，你究竟是不是一个偏执的人呢？

　　(1) 你是不是总是要求所有人和事都十全十美？

A. 从没有过

B. 很轻

C. 有时候会这样

D. 我拿这个标准来要求别人

E. 每个人我都是这样要求

(2) 如果有人给你制造了麻烦, 你会不会指责他们?

A. 从不会这样

B. 很轻

C. 偶尔抱怨过

D. 我经常抱怨别人

E. 我总是这样抱怨

(3) 你会不会突然冒出来一些怪想法?

A. 从没有过

B. 很轻

C. 偶尔

D. 大部分时间有

E. 总是有这种情况

(4) 你是不是觉得大多数人都不可靠?

A. 从没有过

B. 很轻

C. 只对身边的人信任

D. 只信任我最好的朋友

E. 我谁都不信任

(5) 你是不是觉得身边的人都不关心你?

A. 从没有过

B. 很轻

C. 偶尔有几次

D. 大部分时间有

E. 总是感到别人不关心自己

(6) 你不能控制自己的脾气, 朝别人发火?

A. 从没有过

B. 很轻

C. 偶尔有几次

(7) 你觉得有没有得到公正客观的评价?

A. 没有

B. 很少

C. 偶尔

D. 很容易这样觉得

E. 总是这样觉得

（8）你是否觉得别人对你好是为了占你便宜？

A. 没有

B. 很轻

C. 偶尔

D. 很容易这样觉得

E. 总是这样觉得

评分标准：

选A得1分，选B得2分，选C得3分，选D得4分，选E得5分。

 心理分析：

总得分在10分以下：

你一点都不偏执，是一个心平气和的人，而且大家都觉得你为人正直，所以都非常愿意和你交朋友。

总得分在15—24分之间：

你有一定程度的偏执，当环境引起你情绪的变化时，你就需要保持警惕了，因为你可能患上偏执症。

总得分在25分以上：

你的偏执非常严重。你一直待在自己的世界里，对所有的人都不信任。要摆脱这种症状，一定要注意随时保持愉悦的心情，控制自己的情绪。

情 商 提 点

偏执，在处于叛逆期的青少年身上非常常见，对学习和交友都极为不利。所以，青少年要注意改善自己过于偏执的毛病。

哪些方法可以改善我们的偏执习惯呢？多交一些朋友，多参加一些有意义的活动，和身边志同道合的人建立起良好的关系网；试着去相信别人，经常听听他人的意见；时时提醒自己不要陷于偏执的漩涡之中；等等。只有做到这些，才能离偏执越来越远。

EQ

第 8 章

快乐随心变

　　拥有快乐，我们会拥有一个好心情；拥有快乐，我们的人生也会变得丰富多彩。一个快乐的人，他的生活是充实的；一个快乐的人，他会学着给自己找更多的快乐。既然快乐这么重要，那么，你快乐吗？

133 从买衣服看你的快乐来自哪里

年轻人都爱买新衣服，一件合适的新衣服也通常能给我们带来心情上的愉悦，但是有时候买完却又后悔了，那么，你会因为什么原因而后悔购买呢？

A.价钱实在太贵了，你觉着不值

B.衣服的款式或者颜色让你感到不悦

C.尺寸大小不合适

D.衣服不是牌子货，品质不够

心理分析：

A.你是一个懂得理财的人，精打细算能给你带来快乐和充实，因此，你的快乐通常来自金钱或物质方面。

B.你是一个比较纠结的人，常常难以下决定或是下了决定后又反悔，经常需要其他人在旁边给你提建议，结果常常导致并不能买到真正让自己称心如意的东西。你的快乐应来自于你能自己做决定的那一刻。

C.你是个粗枝大叶的人，马马虎虎的个性反倒使你的人缘非常好，你的性格中有天生的积极一面，可以在很多事情中发现快乐、寻找快乐。

D.你的虚荣心比较强烈，希望获得别人的重视和认可。你的快乐通常来自于自己被认可的那一刻。

情 商 提 点

人生一世很短暂，悲伤也是一天，快乐也是一天，何不做一个快乐的人呢？

有的人总觉着自己的世界好像总是凄风苦雨，实际上是你自己没有从乌云密布的这片天空下走出来。如果你能够迈开双脚，向更远的地方走去，相信总会有晴天与阳光等待你。

134 乐观指数，你所不了解的知识

乐观是一种非常重要的人生态度，它可以让你抛弃许多烦恼，帮助我们解决很多人生难题，那么，你是不是一个乐观的人呢？赶快来测试一下吧。选择"是"或"否"。

(1) 你对自己的未来有一个很明确的计划？

(2) 你身边的人都是真诚待你的？

(3) 你在出门时是否会带上很多必备的药品？

(4) 出去旅游时你是否会制定详细的旅游计划？

(5) 你和朋友约定了一起出去玩，是否会为了避免迟到而提前出发？

(6) 你是否会老是幻想着自己有一天能够中大奖？

(7) 在你生日时，朋友送了你意外的生日礼物，你是否会非常高兴？

(8) 你是否会发愁自己未来可能会出现的事情？

(9) 你觉得买保险是必要的一项支出吗？

(10) 你已经确定要做的事情，是不是无论如何都会完成？

评分标准：

选"是"得1分，选"不是"得0分。

心理分析：

总得分在7分以上：

你是一个非常乐观的人，天生就是能看到比较好的事物。这主要是因为你的心态非常的好，不愿意去让那些不开心的事情来牵绊住自己的内心。

总得分在4—6分之间：

你是比较乐观的人，但你仍需更进一步。要学会用正确的心态来面对那些比较大的挫折和困难，这样你才会取得更大的成功。

总得分在3分以下：

你是一个非常悲观的人，觉得生活中充满了磨难，所以很长时间里你的心情都笼罩在一片阴郁之中。

乐观指数高的青少年，一般不会有太多的烦恼，即使有也能很快化解。而那些乐观指数相对较低，甚至比较悲观的青少年，则总是显得忧心忡忡，学习很容易失去动力。因此，青少年要注意提高自己的乐观指数，用积极乐观的心态看待学习和生活中的事情，然后多和同学们参加一些集体活动，如登山、旅游等。

135 想要快乐就要扔掉包袱

每个人都会有自己的心事，但当积压在内心的时间过长时，就会造成非常严重的心理压力。那么，你有严重的心理包袱吗？

根据自己的真实想法回答下列问题，你可以选择：A.从未发生，B.偶尔发生，C.经常发生。

（1）总觉得自己的学习压力非常大，这让自己很烦恼。

（2）觉得自己的时间非常宝贵，以前浪费了好多。

（3）之前做事太过莽撞了，现在自己非常内疚。

（4）因为事情做得不够完美，自己会非常难受。

（5）非常在意身边的人对自己的评价。

（6）和家人沟通时非常容易发脾气。

（7）总是不能够耐心地听别人把话说完。

（8）经常性头疼，难以治愈。

（9）你经常需要吃零食来缓解自己的情绪。

（10）当自己游玩时会觉得自己不应该享受。

评价标准：

选A得0分，选B得1分，选C得2分。

心理分析：

总得分0—4分之间：

你的心理包袱不是很大，但是你的生活比较沉闷，没有什么新鲜感，所以说你也没有什么动力。

总得分5—8分之间：

你的心理包袱一般，有时候也许会因为一些事情而感到压力非常大，但是很快你就能够调节过来。

总得分8分以上：

你的心理包袱比较大的，一些小事就可以让你有很大的心理，你现在必须马上进行心态的调整。

情 商 提 点

每个青春期的孩子都会背负着心理包袱，只是有些孩子的包袱重，而有些人的轻。那么我们该如何摘掉过于沉重的心理包袱呢？方法有两个：

1.学会暂时的忘却，和同学去做点其他事情。也许在这个过程中，你会找到解决问题的方法。

2.和父母进行沟通。父母同样走过青春期，同样也感受过心理压力，所以他们自然经验丰富。当你和父母说明了内心的问题后，他们会根据自己的人生经验，帮助你找到解决问题的方法。

136 与朋友在一起你快乐吗？

朋友，是我们生活中不可缺失的一部分。有了朋友，我们的生活变得五彩斑斓；有了朋友，我们的人生变得更有意义。与此同时，我们在和朋友交往时所表现出来的状态也有所不同，就像各种口味不同的酒。那么，如果用酒来形容你自己的话，你觉得是哪一种？

A.啤酒

B.威士忌

C.玫瑰红

D.琴酒

心理分析：

A.你是一个非常喜欢吃醋的人，如果发现自己的朋友和别人走的近的话，你就会非常生气。

B.你待人十分热情，在朋友中间，你就是一个像小太阳一般的人，总能让身边的人都能感觉到你的热情。

C.你的自我意识很重，在朋友中间，你有时候表现得也非常自私，你需要改变，否则朋友都会远离你的。

D.你非常看重友情，一旦是你认定的朋友，你就会付出全部真心，当然你也希望获得同样的回报，朋友的背叛对你来说是最受不了的事情。

情 商 提 点

　　学生时代的友谊，对一个人的整个人生都会产生很大的影响，所以青少年要慎重对待自己的朋友。在与朋友相处时，要表现得大度一些，不要动不动就吃醋，那样只会把朋友推得更远。另外，对待朋友还要热情、真诚，不要总是冷冰冰的，或者老想着占便宜。当然，朋友之间还要多付出，不要一味地索取，只有付出才会有收获。

137 你喜欢什么样的椅子？

　　在生活中，我们做很多事情都是为了让自己能够开心快乐。可是有很多人在这个过程中忽略了结果，只是盲目地追求功名利禄。那么，你是不是一个注重生活享受的人呢？假设，如果你想在自己家里添一把椅子，以此提升舒适度，你会选择什么？

　　A.木制椅

　　B.藤制椅

　　C.绒毛椅

　　D.真皮椅

 心理分析：

　　A.你十分会享受生活，对你来说，你不用吃最好的，也不用穿最好的，但是你的精神生活一定要是充实的。别人也许会认为你不食人间烟火，其实只是他们不懂你罢了。

　　B.你对物质和精神生活比较在意，可是当两者矛盾时，也许你还是更看重物质。

C.你爱慕虚荣，根本一点都不在乎精神生活，它们对你来说就是多余的。

D.你十分注重精神生活的享受，只不过你的个性有点独特，你对流行的东西不太感兴趣，对那些古典的东西却情有独钟。

情 商 提 点

在这个现实的时代里，青少年的心理也难免受到物质世界的影响，从而混淆了物质和精神二者的界限。那么，青少年究竟该怎样处理好二者的关系呢？

第一，我们要正确看待二者的关系，物质和精神在一个人的生活中缺一不可，不能为追求其一而放弃另一个。

第二，相对来说，精神世界是支持一个人积极面对生活的巨大支撑，更值得青少年去追求，所以当二者发生冲突时要酌情考虑精神方面。

138 莫让虚荣心搅乱好心情

每个人都有虚荣的时候，这并没有错，可是我们不能够让虚荣心影响到我们的人生观。你的虚荣心厉害吗？

根据自己的想法，你可以选择"是"或者"否"。

(1) 你在出门之前会不会照好几遍镜子。

(2) 没事时你经常翻出自己以前的照片来看。

(3) 如果有同学说你穿的衣服非常难看，你就不会再穿了。

(4) 如果和一个穿着很邋遢的朋友一块出去，你就会觉得很尴尬。

(5) 如果你买了什么新东西，你就会向同学们炫耀。

(6) 看到同学们有的东西你就也一定要有。

(7) 你买衣服时最看重的就是名牌。

(8) 平时和朋友们一起出去吃饭你也要捡比较贵的餐厅。

(9) 当自己考试的成绩不如别人时，你不会告诉任何人。

(10) 每次过生日时你都搞得非常隆重。

评分标准：

选"是"得1分，选"否"得0分。

A.6分以上（包括6分）。你的虚荣心不太强，在范围之内。当发现自己过于虚荣时，你也会及时地调节自己。

B.5分以下（包括5分）。你的虚荣心非常强，注重表面的一些东西，别人如何看你对你来说非常重要。

情 商 提 点

　　每个人都有虚荣心，青少年也不例外。虚荣心产生的原因很多，比如老师的表扬、同学们的吹捧、父母的过分夸奖等等。虚荣心一旦产生，对我们的学习和交际都会产生不利的影响。所以，我们要克服虚荣心理，遇事不要太在意他人的看法，要虚心听取他人的意见和看法，最重要的是要勇于接受批评，不能只顾面子。

139 面对悲伤我们会有怎样的调整？

　　当悲伤的事情发生在你身上时，你会选择如何来面对呢？其实，很多生活的小细节，就能体现出你面对悲伤时的表现。

　　当你看到蟑螂的时候，你会怎么做？

　　A.用拖鞋拍死它

　　B.活捉然后用火烧

　　C.狂喷杀虫水

　　D.在它们经常出现的地方放置蟑螂诱杀器

A.在悲伤面前你能够泰然处之，既然知道结果没有办法改变，你自然也就会去主动适应它了，可以说你活得是非常潇洒的。

B.你是一个比较积极的人，可难免有时候会因为心理因素而变得十分懦弱，在挫折面前你会心灰意冷，很可能会自暴自弃。

C.你是一个喜欢逃避的人，遇到一点事情你就想着自我放弃，这是一种非常消极的心态。

D.你似乎对所有的事情都是一个态度，心情也很难会大起大落，这与本身的性格关系很大。这样的你，时间长了其实是很容易堕落的。

　　有人在悲伤时会放声大哭，有人在悲伤时会沉默不语，有人在悲伤时选择摔打东西，有人在悲伤时会找人倾诉……作为青少年，你是怎么应对悲伤的呢？

　　事实上，悲伤是我们生活的一部分，而悲伤的情绪也是我们情绪中的一部分。当我们遇见悲伤的事情时，不要逃避，要勇敢地去面对。你可以哭可以闹，但是过后，要冷静下来，找出解决问题的办法才是最重要的。

140 找准定位，收获快乐

　　现在有很多人都流行起英文名字，你的英文名字是什么？其实在那些简单的英文字母中，也隐藏着一些我们的个性秘密哦！

1	2	3	4	5	6	7	8	9
A	B	C	D	E	F	G	H	I
J	K	L	M	N	O	P	Q	R
S	T	U	V	W	X	Y	Z	

　　将你的英文名的每一个字母，按对照表所代表的数字，如ROSE：R—9，O—6，S—1，E—5，然后将所有的数字相加，即9+6+1+5=21。若出现两位数的话（11和22除外），便要将两个数字再相加，即2+1=3，那么"3"就是结果。

心理分析：

　　数字1：你有十分卓越的领导才能，有创业的能力，付诸行动时很积极，容易成为领导者及开拓者。

数字2：你有点喜欢白日做梦，有自我封闭的倾向，可是你的服从性非常好，往往可以很好地完成别人交代给你的任务。

数字3：你非常乐观，常常能够取悦周遭的人，在合作中你能够很好地发挥出才能。

数字4：你做事情时非常踏实，量力而为，能够予人信心。

数字5：你是一个心中充满热情的人，喜欢尝试新事物，可是有时候缺乏耐心。

数字6：你的情感细腻，生活上很少与人发生争执，可是有时候有点过于执着。

数字7：你为人处世非常冷静，有很强的洞察力，重视思维上的修养。

数字8：你的目标远大，可凭坚毅去完成任务，容易获得信赖而成为领袖，可是有时候难免会因为自私而得罪人。

数字9：你非常喜欢帮助别人，且喜欢将自己所知的事情告诉别人，是一个非常有爱心的人。

数字10：你是一个很会享受生活的人，有丰富的联想力和上进心。

数字11：你比较看重物质生活，是一个比较实际的人。

数字22：你是个心理年龄比实际年龄成熟的人，做事老练稳重。

　　有些青少年之所以整天抱怨生活没有意思、自己不快乐，其实是因为他们没有找准自己学习和生活的定位和方向。所以，青少年在独处时要冷静地思考一下自己学习是为了什么，将来有什么打算，然后就要奔着这个方向去努力。如果自己实在想不通的话，则可以和周围的人沟通一下，让旁观者来帮你分析。只有学习和生活有了明确的定位和方向，我们才能真正地快乐起来。

危机，快乐性情的测试仪

　　人在危急时刻的表现往往是最真实的状态，我们可以从中看出一个人的真实情绪以及他们解决问题的方式。那么，你是怎么面对危机的呢？让我们用生活中的一个细节场景，来挖掘自己的内心吧。

　　假如你现在是案板上的一条鱼，厨师正准备宰杀你，你会怎么祈求他放了你呢？

A.让对方可怜、同情自己

B.给对方一些回报

C.威胁对方如果对方杀了自己会后悔的

心理分析:

A.你的感情非常细腻,可以很轻松地感触到身边人情绪的变化,能通过坚持不懈的努力来创造感动别人的东西。

B.你是一个非常有自信的人,同时也非常乐观,会从那些比较成功的人身上获取力量,最终达到成功的顶峰。

C.面对困难时你非常有毅力,而且你还能把这种感觉带给自己身边的人,让他们都能够拥有足够的勇气。

情商提点

　　每一个青少年都有精神上的最强优势,找到这个最强优势并好好发挥,才能给自己的学习和生活带来帮助。当然,想要找到最强优势,就要加深对自己的了解,多留意一下自己通常会在什么样的状态下取得成功,然后把找好的最强优势,如欣喜、自信、有毅力等,将之运用到实处,帮自己提高学习成绩以及社交与生活能力等。

142 你是哪一种小动物?

不同的动物有不同的特点,比如说熊猫憨厚可爱,狮子和老虎就比较凶猛。那么,如果用一种动物来形容你的话,你觉得是什么呢?

下面的动物中你最喜欢的是什么?

A.狗

B.猪

C.马

D.兔

心理分析：

A.你是一个非常看重朋友的人，非常的讲义气，喜欢群居生活，可是对于陌生人，你的戒备心是非常重的。

B.你是一个标准的乐天派，总是觉得自己非常快乐，从不与人争执，不在乎别人的看法或为小事而烦恼，可是有时候会有一点自卑。

C.你是比较乐观的人，身上有一种勇气，有一个非常明确的目标，只是有时候会有点自我和虚荣心。

D.你是一个性情温和的人，非常容易原谅别人，即使不喜欢别人也不会说出来。所以你的人缘很好，非常喜欢帮助别人。

情商提点

有些青少年从小喜欢龙，希望自己能成大事，受人尊重。而有些青少年则喜欢鹰，向往在天空中自由翱翔。事实上，我们喜欢什么动物，就是我们想要追求某些动物身上的特质，诸如勇气、力量、坚毅、自由自在等等。

有这些向往和追求，并没有错，关键是找准自己身上与它们的切合点，自己有的就好好发挥，没有的就要努力在现实生活中锻炼。

143 对于人生你有怎样的追求？

我们每个人都有梦想，这是督促我们向前进的动力之一。当我们达到自己设定的目标时，也是我们最快乐的时候。那么，你是否问过你心底的声音，你要的到底是什么呢？你觉得什么时候才是自己最有成就感、最快乐的时候？

假如，你现在是一个非常有名的大明星，有一天你参加一个《我是谁》的节目，你可以露出身体的一部分让观众猜你是谁，你会把哪个部位露出来？

A.小腿

B.手

C.头的其中一部分

心理分析：

A.你是一个脚踏实地的人，非常有耐性，交给你一个任务，你总能够又快又好的完成。

B.你聪明伶俐，十分的有才华。在学习中，虽然你不是最努力的，但是你的成绩还不错。

C.你是一个非常有自信的人，尤其是对自己的长相，而且你的人际交往能力也很突出，这让你结识了不少的朋友。

情商提点

在学习之余，我们是否考虑过自己对人生的需求是什么呢？相信，大部分青少年都会说考虑过。恭喜你，非常棒！经常思考人生的人，才能总结过去展望未来，才能感受最真实的快乐。所以，我们要做一个勤于思考人生的人，在思考中要给自己订立目标，向着自己目标前进。同时，还要树立正确的人生观，别让错误的人生观影响自己未来的发展。

144 你脆弱吗？你能快乐吗？

面对生活中的疾风骤雨，一个坚强的人才能够承受得住。对于青少年来说，我们必须从小就锻炼自己的内心，让它强大起来。来测试一下你够不够坚强吧。

有一天你放学走在路上，突然被工地的铁条绊倒，你会怎么做？

A.去找这个工地的负责人

B.要求赔偿

C.只能自认倒霉

心理分析：

A.你是一个非常脆弱的人，一旦生活中遇到挫折或者是困难，你的心里面就会有很多的想法，可以说是不堪一击。

B.从表面看上去你非常的坚强，其实你内心非常脆弱。不过你不会在不别人面前表现出来，但是私底下你会寻找发泄的方式。

C.你是一个越挫越勇的人，在挫折面前你从来都不会轻易低头，而且越是在这种情况下，往往越能激发出你的能量。

有许多孩子在遭遇挫折时会显得相当脆弱，不堪一击。相信他们自己也很反感这样的行为。那么，我们该如何面对挫折呢？首先，就是要正确认识困境，它只是生活中的常态，没有必要因此就感到不快乐；其次，我们也可以求助父母，让他们凭借着生活经验，帮助我们走出难关。

145 沙漠里你会有怎样的愿景？

在任何一个环境中生活得久了，我们都可能会萌发出改变的想法，面对这种情况，你心里面是怎么想的？

假设，你现在身在沙漠中，什么东西都没有，你觉得你现在最需要的是什么？

A.骆驼

B.水源

C.充足的粮食

D.帮助走出沙漠的地图或指南针

心理分析：

A.虽然你对你现在的生活不是很满意，可是你还没有找到解决的办法。也许你想要走一个捷径，可这只能解决暂时的问题，当下你最需要的是改变自己的心态。

B.虽然你现在的生活并不非常完美，可是你并没有想着去改变。当心里出现困惑时，你总是能够及时的调整心境，让自己时刻保持乐观开朗的情绪。

C.你现在有点迷茫，还没有弄清楚自己真正需要的是什么，所以你现在要做的就是给自己树立一个明确的目标，然后去努力争取！

D.你对自己现在的生活非常满意，你的态度也是非常积极向上的！记得保持这样的积极的心态，什么难题都会迎刃而解的！

　　很多青少年对现实都有不满的情绪——对自己的学习成绩不满，对自己周围的人不满，甚至对家庭也不满。这种要想改变自己生活的心态，本身并没有错，但是一定要调整好心态，不能怨天尤人。同时，我们还要摒弃不切实际的想法，懂得结合自身情况，努力奋进。

146 从等电梯的细节看你是否快乐

假如你现在正在电梯口等电梯，那么下面这几种情况你最可能会？

A.抬头看天花板或环视周围的广告招牌

B.一直在按电梯的按钮

C.情况急的时候会跺脚

D.一直盯着地面

E.一直在盯着显示灯，想一旦电梯门打开就立即冲进电梯

心理分析：

　　A.你是一个外冷内热的人，跟陌生人相处时，会想要将真实的自己藏在面具后面，熟了以后才能显露出热情的本性。因此，在普通同学眼里，你不是一个很快乐的人。

　　B.你是一个对自己喜爱的东西富有十足热情的人，一旦沉迷在某个爱好中就很难自拔，但常因此忽略了其他事情。你的快乐只建立在你的所爱上。

　　C.你有时有点神经质，有非常敏锐的直觉，在艺术上面非常有天赋，在朋友眼里是个时而快乐时而忧郁的人。

　　D.你的人生态度有点消极，不会轻易向别人吐露自己的心事。虽然展现在人前的是笑脸，但常常一个人在背地里掉泪。

E.你是一个谨慎的人，从来不会做出格的事情，生活得四平八稳，因此很少见你有大悲大喜的一刻。

 情 商 提 点

虽然人生总有失意的时候，但我们还是应该尽量让自己快乐起来，并让自己的快乐感染身边的人，传递属于你的正能量。

147 你的心里是否藏着悲伤的情绪?

笑脸之下，你是否也隐藏着悲伤呢? 我们来测一下吧!

(1) 你会不会担心世界未来的情况?

A.经常这样

B.偶尔

C.一点都不担心

(2) 你觉得坐飞机是不是非常危险?

A.是的

B.有时会这样想

C.从来都不这样认为

(3) 当你打碎镜子的时候，你会不会觉得坏运气来了?

A.非常担心

B.有一点担心

C.一点都不担心

(4) 你是不是经常会因为担心某一件事情而失眠?

A.经常这样

B.偶尔是

C.从来都不会这样

(5) 你是否相信自己一定会实现自己最初的梦想?

A.偶尔会这样认为

B.通常是这样

C.没有这样想过

(6) 在遇到一次失败之后，多久你才能重新振作起来？

A.应该会经过很长一段时间

B.比较快，但不是立刻

C.马上就会振作起来

(7) 你在参加某种竞赛的时候会不会希望自己能够获胜？

A.不总是这样

B.会以比较平和的心态来面对这件事情。

C.是的，我总是希望取胜。

(8) 你是否认为人生不如意之事十之八九？

A.完全同意

B.部分同意

C.不同意

(9) 当你感冒的时候你是否会马上去看医生？

A.会马上去

B.有空的时候再去

C.自己吃点药

(10) 你会不会觉得自己能够活很长时间？

A.这个不好说

B.希望如此

C.肯定会的

(11) 你觉得自己的人生是否充实？

A.有点空虚

B.不好说

C.充实

评分标准：

选A得2分，选B得1分，选C得0分。

心理分析：

总得分在0—5分之间：你是一个非常快乐的人，对生活总是充满了希望，从来不会因为过于担心一件事情而不能入睡。凡事你都能看到比较积极的一面，并且坚信任何困境都会存有一线希望。悲伤很难在你心里驻足。

总得分在6—12分之间：人生路上的坎坎坷坷会让你觉得非常兴奋和刺激，你希望你的人生可以达到最高峰。尽管你不是个悲观主义者，但你心里也总有一些难以释怀的往事。

总得分高于12分：你心里的悲伤多一些。可能对所有事情的期待都比较高，当结果没能如你所愿时，你就有点接受不了。

人人都会遇到一些悲伤的事情，但不是每个人都会让悲伤在心里停留很长时间。我们应该学会清扫这些悲伤垃圾，不要让它们影响到我们的学习和生活。

148 压力是快乐心情的第一杀手

当我们给自己的压力太大时，往往会心情低落。而且，越是不高兴，我们心中的压力也会越大。下面就测测你会不会被压力影响到心情吧！

当你收到一封没有署寄信人地址的信件时，你当时的心理状况是：

A.在好奇心的驱使下赶紧打开看看是什么

B.心里面会犹豫一会，然后再打开

C.打电话询问一下是哪个朋友寄给自己的

 心理分析：

A.你是一个很有自信的人，而且还很有能力。所以你平时很少会有压力，而且也不会因此而影响到自己的心情。

B.你的目标设定得非常小，所以你总是能够非常顺利地完成，自然不会有什么压力。即使有一些小的影响，你也能够很快地调节过来。

C.你不是一个非常自信的人，在学习上，你可能经常会严格地要求自己，这其实就相当于强加给自己很多压力。因为不懂得调节，所以总是把自己陷入一种非常压抑的状态。

情 商 提 点

　　学习和生活中的压力是不可避免的，但是我们可以采取一些方法，缓解自己所承受的压力。找到属于你自己的调节方法是非常重要的，可令你一生受益无穷。

149 你的快乐有几分？

　　快乐是我们都需要的一种情感，它不但会让我们身心更健康，还可以帮助我们提高做事效率。那么，你是不是一个快乐的人呢？

　　根据自己的实际想法选择：A.是，B.否。

　　(1) 一个人做事情时最好是凭借着自己的喜好。

　　(2) 无论做任何事情，我们首先都要对自己要做的事情有一个比较清醒的认识。

　　(3) 你会觉得人多的环境比较吵闹。

　　(4) 你觉得自己身边的朋友都非常不错。

　　(5) 当一个人太过实际的话，他也许没有办法实现更高的梦想。

　　(6) 不管这个人看上去有多么深藏不露，你还是能从一些蛛丝马迹中发现他真实的想法。

　　(7) 当你正在做的事情因为一些客观原因而被打断的话，你就会非常生气。

　　(8) 其实你更关注你身上的缺点。

　　(9) 每个人都有能力来抓住经过自己身边的机会。

　　(10) 那些做事认真，谦虚好学的人可能更招你喜欢。

　　评分标准：

　　选"是"得1分，选"否"得0分。

心理分析：

总得分0—4分之间：

你现在的生活并不快乐，你可能过分关注一些不开心的事情。其实，你应该学会多去发现身边那些美好的东西。

总得分5—7分之间:

你现在的心理状态一般,有很多事情可以让你高兴起来,可是也有很多事情可以让你再陷入悲伤。

总得分8分以上:

你的生活态度是非常积极的,不管在多差的环境中都能保持快乐。这是非常难得的。

情 商 提 点

　　快乐是一种心理状态,拥有这种状态的青少年,在学习和生活中都能应对自如。但是,这种快乐的心态并不是随时都有的,我们只能尽量去保持与创造。

　　当有不开心的事情时,我们要学着用平常心去看待,安慰自己不要悲伤,比如说通过与人倾诉、写心情日记、喜剧电影等方式。当自己快乐时,可以把这种心情传染给他人,让快乐的气氛延续得更久一些。

150 什么事情最让你高兴?

　　我们常常会因为各种各样的事情而发出欢笑,可每个人的价值取向不一样,能够让我们感到高兴的事情也就不同,我们所追求的快乐的真谛也是不一样的。对于你来说,什么样的事情才是让你最高兴的呢?

A.享受大自然的宁静

B.与心爱的宠物玩闹

C.去异国旅行增广见闻

D.与家人或朋友相处

心理分析:

　　A.你是一个感情细腻的人,凡事会从大局考虑,很多时候可以设身处地地为别人考虑。帮助别人的过程,也是你收获快乐的过程。

B.你的心态比较善变，高兴时就会非常高兴，而悲伤起来又会非常悲伤。生活中的那些小事就会影响到你。

C.你是非常勇敢、喜欢冒险的人，最向往的就是自由，做事情时比较谨慎，总是喜欢做好一切的准备。

D.你平时喜欢絮絮叨叨，和别人亲切地攀谈是你最喜欢的事情，可是有时候你也要注意一下自己的方式，有时候和别人说得太多，反而会让别人厌烦。

　　现在的青少年，小小年纪就总像一个忧伤的诗人那样，总是问自己和身边的人："什么是快乐？快乐的真谛是什么？"其实，这是因为他们对自己的现状不了解，觉得自己处处不如人。

　　事实上，快乐的真谛不是我们拥有什么，不要对自己期望太高，而是找到自己价值。同时，要懂得珍惜自己身边的家人和朋友，周围人的健康快乐才是我们快乐源泉。

 痛苦总在你身边围绕吗？

　　遇到一些痛苦的事情时，我们常常会情绪低落，做什么事情都会无精打采。如果没有及时调整过来，不管在生活中还是在学习中，我们都会受到很大的影响。

　　那么，你现在的心理状况是怎么样呢？赶快来测试一下吧。

　　请根据自己的真实想法，回答：A.是，B.否。

　　(1)和别人谈话时，常认为对方在讽刺自己？

　　(2)最近是不是很喜欢深颜色的东西？

　　(3)总觉得最近有点孤独？

　　(4)近三个月都没有发生什么让你高兴的事了？

　　(5)觉得自己身边缺乏知心朋友？

　　(6)总担心没有给别人留下好的第一印象？

　　(7)最近把自己的考试成绩看得非常重要？

　　(8)自己身边的朋友都有点远离自己了？

(9) 对以前很感兴趣的东西现在都丧失了兴趣？

评分标准：

选"是"得1分，选"否"得0分。

心理分析：

总得分在2分以下：

也许现在还有一些让你感到不太开心的事情，可是这并没有影响到你，你还是非常开心，随着时间的流逝你就慢慢忽略了那些悲伤的事情。你的这种生活态度，让自己身边的人都非常喜欢。

总得分在3—4分之间：

你是一个比较随大流的人，心情很容易随着环境的改变而改变，一般大众比较反感的事情你也是很讨厌的，你的痛苦总是来得快，去得也快。

总得分在5—6分之间：

其实你很清楚自己的痛苦，主要是你自己的原因，而且你不爱找别人帮你解决。

总得分在7分以上：

你感到非常痛苦，觉得所有的不幸都发生在了自己的身上．其实你应该学着开阔胸怀，多多运动，多接近人群，多到大自然走走，这样你就会变得乐观很多。

情 商 提 点

有些人在痛苦时，经过自我调节、长时间的安抚会很快走出困境，而有些人则常常无法自拔。作为青少年，千万不能让痛苦的情绪影响自己的学习和生活，要找到适合自己的调节方法。首先，要以豁达的心胸去直面困难，把痛苦看作是生活中必须经历的事情；其次，多与家长、老师和同学进行沟通，找出缓解痛苦的方法。

152 什么样的季节，什么样的心情

人生从来都是丰富多彩的，我们既会有春天的希望，也会有夏天的热情，还会有秋天的收获和冬天的沉淀。那么，你比较喜欢哪个季节和事物呢？

A.春天微微吹的风

B.夏天冰凉的冰激凌

C.秋天明亮的月亮

D.冬天暖暖的太阳

 心理分析：

A.你是非常稳重的人，做事情小心谨慎，不仅会提前做好各项准备，而且还会制定详细的计划。

B.你比较热情，对所有的事情都愿意全身心投入，可是有时候难免会顾此失彼。

C.你是一个比较忧郁的人，有点多愁善感，很多事情都愿意先往坏的方面想，时间长了，你的积极性也会随之消失的。

D.你这个人比较懒惰，如果不是有别人督促着你，你很少会主动做一些事情。

 情 商 提 点

通过这个测试，青少年也可以对照一下自己，看看自己是否真如测试中所说的稳重、热情、忧郁、懒惰。稳重的青少年，要好好保持这个优点，适当的时候可以活泼一点；热情的青少年，要把握好度，别让过分的热情影响到自己；而忧郁的青少年，则要通过交流沟通排解内心的忧郁情绪；至于懒惰的青少年，则要想办法让自己变得勤快些。

153 你的快乐会昙花一现吗？

你的快乐会不会像昙花一样，在开的最美丽的瞬间消散？快来测一测吧！

（1）你有三个以上的知心好友？

不是——到第二题

是的——到第四题

（2）要等的人迟迟不来，电话也打不通，这时候你更多的是担心？

不是——到第三题

是的——到第七题

（3）在生活中你是个没有主见的人？

不是——到第五题

是的——到第六题

（4）你通常不知道该怎样拒绝别人？

不是——到第六题

是的——到第七题

（5）你常常对家里人发火，在外面却是好脾气？

不是——到第六题

是的——A

（6）衣食无忧、坐享其成是你羡慕的美好生活？

是的——到第七题

不是——C

（7）曾经很喜欢的人，现在想起来完全没有感觉？

是的——B

不是——D

心理分析：

A.你是个受父母宠爱过多的孩子，一旦进入社会难免碰到很多不如意的事儿，再加上你常常以自我为中心，所以你的快乐很容易昙花一现。

B.你是一个非常冷静、非常理性的人，做事情有分寸，不会为过去纠结，你的快乐不会昙花一现。

C.你是个通情达理的人，对很多事情都能够理解，只要你用心经营，你的快乐便能避免昙花一现。

D.你是个悲观并且时刻处在纠结中的人，你不知道自己想要什么，生活总是被你搞得乱糟糟的，因此，你的快乐往往是昙花一现的。

情 商 提 点

为什么有的人每天都快快乐乐，有的人每天都愁眉苦脸呢？这就取决于你对生活、对情绪的调节能力了，从这方面就可以看出一个人的情商高低。常常让快乐昙花一现的人，情商肯定高不到哪儿去。

EQ

洞察了解他人

第9章

敏锐的洞察力，可以帮助我们透过事物的现象看到本质；敏锐的洞察力，可以帮助我们去伪存真，拨开云雾见月明。在人际交往中，这种洞察能力会显得尤为重要。你是不是一个拥有敏锐洞察力的人呢？赶快进行下面的测验吧。

154 听他说声"再见"

虽然说，想要真正地弄懂一个人是非常困难的事情，可是只要你练就出一双慧眼，再想要洞察出一个人的真正想法也就容易多了。就拿道别来说，从一个简单的手势，一个飘忽的眼神，我们就能够看出来一些端倪。

你想要了解的人和你告别时候是怎么做的？

A. 一直看着你渐渐离开

B. 一直朝你挥手

C. 直接就走了

D. 握手道别

心理分析：

A. 这种人的内心是非常温和的，他们善解人意。对待自己的朋友，他们会用最真诚的态度对待。朋友需要帮忙的时候，他也会给予真诚的帮助。

B. 说明这个人是非常看重你的，他的内心肯定是在期待和你的下次相聚。

C. 这种人一般都是粗线条，不拘小节。也许这种人看上去太过严肃，可是当有困难出现时，他们就会给予你非常真诚地帮助。

D. 如果是比较亲近的人握手告别的话，说明你们之间可能出现了什么问题，这是想要和你拉近距离。如果是一个还不太熟悉的人的话，说明他非常注重礼貌，这是一种客气的表现。

情商提点

每天上学放学，我们都要经历与他人的道别。小小道别，在很多人看来是再普通不过的事情了。可是，我们却能从中看出一个人的性格。比方说，当你的同学总是看你走远后才走的话，说明他比较善解人意，对人真诚，很重感情。当一些人一跟你挥手就马上转身走时，则说明他比较直爽，不拘小节。

155 小动作里有大文章

　　每个人都会有一些专属自己的小动作，这些小动作往往更能够向我们展示出一个人的真实状态——或是掩盖，或是表露某种性格。当我们了解了这些小动作所传达的含义之后，也就明白一个人的心理状态了。

　　你想要了解的人平时会有一些什么小动作：

A.两手腕交叉

B.托腮

C.总是低着头

D.摸弄头发

E.把手放在嘴上

心理分析：

　　A.这种人往往会有一些比较独特的看法，有时候可能会让人觉得太过冷漠，内心有点主观意识。

　　B.这种人讲求精益求精，他们追求完美，因而对自己太过苛刻，这会让他们经常感觉有些烦恼。

　　C.这种人做事情是非常慎重的，对于自己的任务总是能够踏踏实实的完成，交朋友也是如此。

　　D.这种人有时候很难控制自己的情绪，可以说是一个有点冲动的人，对流行很敏感，但忽冷忽热。

　　E.这种人非常敏感，他们通常会对一些细节的东西比较关注，也许有时候嘴上说得很严厉，但内心并没有那么生气。

情商提点

　　通常情况下，每个人都有其独有的小动作，这些小动作是他们在无意识的情况下表露出来的，更贴近最真实的自己。所以，作为青少年的我们要想更快更准确地了解到一个人，就要在生活中多注意观察他人的细小动作，比如挠头、摸脸、咬手指等，然后透过这些细小动作去探索他们的整体性格。

156 你是否能从站姿判断一个人的性格?

站姿往往可以显示出一个人的性格特征与心理特征。每个人所喜欢的站姿其实都表露出了自己的内心,我们可以通过观察每个人的站姿来了解这个人。

你想了解的朋友他习惯什么站姿?

A. 喜欢挺着自己的身子站着

B. 有时候稍微弓着背

C. 两手叉腰而立

D. 别腿交叉而立

E. 喜欢把手插在口袋里面

 心理分析:

A. 这种人有着充分的自信。他们的这种站姿给人一种他们心情非常愉悦的感觉。他们通常性格开朗活泼,有着很好的人缘。

B. 这种人有点性格内向,缺乏自信心。同时也表明精神上处于劣势,有惶惑不安或自我抑制的心情。

C. 这种人做事情是非常谨慎的,他们会事先做好所有的准备,而且对自己的要求也非常苛刻,凡事都是力求完美。

D. 摆出这种姿势的人也有点缺乏自信,可是他们似乎想要掩饰这一点,说明他们有时候还是不能够正视自己。

E. 这种人心思缜密,喜欢做周密细致的计划,有些时候他们做出这种动作,也许是心情失落的表现。

情商提点

青少年在与人交往时,也要注意观察对方的站姿,因为这是对方生活习惯的表露,属于他的一个明显特征,能够显示一个人的性格。

157 从谈话中看他的特点

人际交往中我们经常用到交谈这种方式，但我们经常听到的"跑题"一词，讲的就是谈话主题偏离轨道，让我们的谈话没有办法继续下去。其实，从这其中我们也可以洞察出一个人的性格上的特点。

你在和你想要了解的人聊天时，下面哪个特点比较符合他？

A. 只说自己的优点，从来都不提自己的缺点

B. 说什么话题都能扯到自己身上

C. 喜欢抓住一个比较私密的问题不放

心理分析：

A. 这种人其实内心是有自卑感的，他们想要通过这种语言上的逞强来掩饰自己的失落感。

B. 这种人凡事只喜欢站在自己的角度考虑问题，是一个十分自私自利的人，一般他的人际关系也都不太好。

C. 这种人凡事都喜欢站在上风，在与他人进行交谈的过程当中，表现出很强的窥私欲。

情商提点

每个青少年都有他们自己的谈话特点，这些谈话特点能从侧面展现他们各自的性格。比如说，有些人在说话时不敢看别人的眼睛，一般情况下是比较内向害羞，当然也不排除撒谎的时候；有些人说话时嗓门大，则是性格直爽、外向的体现；还有些人喜欢夸夸其谈，则说明他华而不实，或者有些许自卑心理……

158 刷牙也能透露一个人的性格

我们平常刷牙是为了维护口腔的健康，可是那些细心的人却能够从中发现一个人性格上的一个秘密，你是否觉得不可思议？还是赶快来验证一下吧。

下面哪个特征最能说明你想了解的人的性格特点？

A.只在晚上刷一次牙的人

B.用很多牙膏刷牙的人

C.只在清晨才刷的人

D.用很少牙膏刷牙的人

E.一天刷好几次牙的人

心理分析：

A.晚上刷牙的人很注重生活品质。他们头脑灵活，办事认真，所以经常会收到事半功倍的效果。在处理事情时，他们能够把握好分寸，让事情得到合理的解决。

B.这种人比较大大咧咧，很容易忽视一些细节，可是他们身上有一种魄力，敢于面对生活和学业当中的困难，因此也很容易取得成功。

C.这种人比较虚荣，有强烈的表现欲望，希望别人能够关注他们，对他们有好的印象。对于长辈说的话，他们会非常顺从。他们性格开朗活泼，对待所有的事情都很有热情。

D.这种人有着非常好的节约品质。他们非常宽容，可是有时候难免会循规蹈矩，以至于在关键时刻不能够做出正确的判断，没有前进的动力。他们生活当中遇事冷静，从不冲动，所以很少会出现过激行为。

E.这种人看上去追求完美，其实这也是不自信的表现。他们每天都希望博得他人的注意，也许别人并没有心情去在意他。对于这种人来说，应该多注意提升自己的内在美。

情 商 提 点

住宿在校的同学们，要想了解你身边人的性格特征，不妨就从看他刷牙开始吧。参照测试，我们能从对方的刷牙方式上，看出他的性格是急躁还是沉稳，还能看出他做事认真还是粗心，同时还能看出他是自信还是自卑。

159 颜色——洞察他人的最佳渠道

颜色有明亮和灰暗之分，每个人所喜欢的颜色也都是有所差别的。但是我们可以从喜欢同一种颜色的人身上，发现他们性格上的共性，赶紧来测试一下吧。

你想了解的人比较喜欢下面的哪种颜色？

A. 黄色

B. 黑色

C. 红色

D. 绿色

心理分析：

A. 这种人比较善变，但一旦树立了自己的目标，他们就会积极进取。同时他们的人际关系广，想象力丰富，不过有的时候难免会破坏规矩。

B. 这种人看上去十分潇洒，也很自信，讨厌大众化或俗气的事物。

C. 这种人做事情时非常热情，是一个典型的实干家，也有可能是野心家。奋发上进的意念很强，总能够冒出很多有新意的想法，而且一有什么想法就会马上付诸行动。

D. 这种人是非常诚实正直的人，追求健康而圆满的生活。虽然没有给自己树立很大的目标，但做事情时脚踏实地，只是有时候会有点过于严肃。

情商提点

在校园中，我们时常看到一些同学老是穿着一种颜色的衣服，例如黑色、白色、红色、黄色等等。这种穿衣风格的人，其实是将他们的内在性格更直观地表露了出来。

那些偏爱黑色或者一些其他深色衣服的同学，可能比较沉稳，冷漠，爱耍酷。而那些喜欢亮眼颜色的人，则可能比较热情奔放，不拘一格，喜欢标新立异，也或者是因自卑而想引人注意。所以说，只要我们留心观察，细心判断，就能知道周围人的性格类型了。

160 他的语速怎么样？

有人说话语气缓和，有人说话则坚决果断；有人说话如疾风骤雨，有人说话则如小雨沙沙。之所以会有这种变化，除了后天的影响之外，主要就是因为人先天性格上的差别。就比如说，一个唯唯诺诺的人是不会说出口若悬河的话来的。

那么，你想了解的人是下面的哪种语速？

A.说话语速比较快的人

B.语速反常的人

C.说话语气比较笃定的人

D.说话速度较平常缓慢的人

E.说话轻声细语的人

心理分析：

A.这种人通常都是急性子，他们处理事情时一般都比较急躁。当他们对某个人有敌意的时候，说话的速度就会更快。

B.这种人之所以会有语速上的变化，主要是因为他们内心可能有什么不想让人知道的秘密，想用快言快语作为掩饰，把别人的注意力转移过去。

C.这种人一般来说都是非常自信的，这从他们的语气中也会自然而然地流露出来。

D.这种人有点自卑感，或者根本就是在说谎，期望借用这种方式掩饰自己的言不由衷，可是恰恰暴露出了他们的真实想法。

E.这种人非常谨慎，有很多想法，措词也非常合适。同时他们心胸开阔，人际交往能力非常不错。

情 商 提 点

说话的语速，也能够透露一个人的真实性格。所以，在与人交谈时，我们可以通过对方的语速，揣摩出他的性格类型。

具体方法就是：对方说话时你耐心听，如果对方每次说话的语速都比一般人快好几倍，那么可以断定他是个急性子的人。如果一个人说话很慢，而且还条例清晰的话，那说明这是一个沉稳、自信又聪明的人。这样的判定方法有很多，关键是我们要留心记留心听，懂得揣摩、总结。

161 你的脱衣习惯是怎样的?

通过脱衣服,我们能够洞悉出一个人的性格。你平时是怎么脱衣服的呢?

A.非常急躁,通常是还没等走进宿舍,就已经迫不及待地把衣服脱下。

B.脱下的衣服随便扔到一个角落里,从来都不去收拾。

C.总是慢悠悠且非常有条理地脱衣服,而且脱完后会非常整齐地放起来。

D.常常慢条斯理,而且煞有介事。

E.每次都是非常迅速地脱掉衣服。

F.脱衣之前会先去掉身上的一些配饰。

G.没有固定的脱衣方式,几乎每次都不一样。

A.你是一个非常有自信的人,而且对自己的现在的状态非常满意,可以说是非常知足。

B.你是一个开朗外向的人,对别人也非常热情。

C.你是一个追求完美的人,对每件事情都有高标准的要求,做事情非常认真,从来都是一丝不苟。

D.你非常有自信,主观意识很强,而且非常聪明,也非常理智。

E.你是一个非常善良的人,对待别人也很宽容,别人的意见也能很好地接纳,所以在朋友中间非常受欢迎。

F.你是一个非常矛盾的人,有时善良有时又很尖刻,但大多数时候都是比较温和的。

G.你的个性非常独特,而且很幽默,是一个很受别人欢迎的人。

情 商 提 点

只有了解一个人的方方面面,我们才能肯定是否可以和他做朋友。所以,在平常生活和学习中,我们要多学习观察他人,注意捕捉他的细节,从而分析出他的性格,这样我们才能结识到真正属于自己的好朋友。

162 洞察女生性格，不妨从坐姿入手

因为性别上的差异，对于女生来说，往往需要在姿态上保持自己优雅的一面。根据不同女生不同的坐姿，我们可以洞察出她们不同的性格。

你想了解的女生她的坐姿一般是什么？

A.双腿交叉于脚踝处

B.双腿打开

C.膝盖以上并拢

D.双腿并拢斜放

心理分析：

A.这种人一般是比较随性洒脱的，也不想要强求什么东西，只要自己觉得好怎样都行。这往往会让人觉得她是没什么原则的人。

B.这种人在性格上一般是比较粗线条的，爱憎分明，对喜欢的人好得没话说，不喜欢的人却又完全不愿搭理，这让她往往在不经意间得罪很多人。

C.话不多也不招惹是非，很讨人喜欢，大家都愿意把她当作妹妹一样爱护。

D.这种人非常可爱，她们的交际能力很强，同时处理事情时也非常有亲和力。她们为自己树立了很明确的人生目标，清楚自己下一步要做什么，一点都不受别人的影响。

情 商 提 点

一般来说，女生的心思和性格比男生的更难让人琢磨，所以那些想要了解自己周围的女生的青少年，不妨试一下从坐姿看女生性格的方法吧。这个方法很好用，不用直接去跟某些难缠的女孩子打交道，只要留心看看他们的坐姿就行了。从坐姿上，我们能够辨明她们是洒脱不羁、热情奔放、粗枝大叶、爱憎分明，还是安静文雅、善解人意等。了解到这些，对于我们与女生交往是极其有利的。

163 他有怎样的拿筷子习惯？

在餐桌上，我们不仅可以通过一个人的言谈举止来了解一个人，还可以通过拿筷子的细节了解一个人。赶快来测试一下你想了解的人是怎么拿筷子的吧？

A.用食指支撑筷子活动

B.小指头跷起来

C.小指与无名指都向内弯曲着

心理分析：

A.这种人一般都有着很坚定的信念，一旦确立了目标，他们就一定会坚持到底，不成功一定不会轻易放弃。这样的人成功的几率比较大，可有时候他们的执着很容易变成偏执，很难听取别人的意见。

B.这种人一般来说性格是比较敏感的，情绪也很容易大起大落，有时候甚至有些神经质。不过这种人的潜力比较大，只要给他们机会，他们就有发光的时刻。

C.这种人一般比较保守，有强烈的责任感，做事情时也非常谨慎，一旦树立起一个明确的目标，他们就会想尽办法给事情做好，总能给人一种让人信赖的感觉，所以大多数时候能够承担起重任。

情 商 提 点

拿筷子，是我们每天吃饭时的一个普通小动作，但就是这么一个小动作也隐藏着大秘密。所以，我们要想了解别人，也可以用观察他人拿筷子的方式来实现。当然，我们也可以通过它来了解自己的性格。在了解之后，我们就能进行自我调整，以更好的姿态去学习和生活。

164 撑脸还是托下巴?

我们常说朋友多了好办事,朋友多了路好走。可是你是否真正了解你的朋友?你知道什么样的朋友是值得你付出真心的吗?其实想要了解一个人也并不很难,我们只要观察他们的姿势就可以了。

当你和朋友一起交谈时,他一般是什么状态?

A.拇指托着下巴,其余手指遮着嘴巴或鼻子

B.不停地揉搓着耳朵

C.手不停地抚摸下巴

D.一只手撑着脸颊

心理分析:

A.这种人一般都非常有主见,他总是以手捂住嘴巴附近的部位,这其实是说他很同意别人的观点,只是他不好意思说出来。不过有时候他们做出这种姿势,也有可能是在说谎,有点言不由衷。

B.这种人喜动不喜静,不喜欢只是去倾听别人。不耐烦时,虽然他可以通过自己的声调和表情来掩盖,但是他的肢体却很容易出卖他。因此如果你发现你的朋友一直在摸耳朵,说明这时候你要询问一下他的意见了。

C.这种人一般很喜欢思考,很多时候不自觉地就陷到了思索中,连你在讲什么,他都听不见。一般情况下,这种人都是非常敏感的,他们可能会胡思乱想一些事情,把自己弄得非常烦恼。

D.这种人一般情况下是没有什么干劲的,他会一只手撑着脸颊,表示他无法专心地听你讲话,事实上他对任何人都缺乏耐心。

情商提点

想了解你的同学心里在想什么吗?看看他的姿态就知道了。人在想心事时,往往会不经意地流露出某种神情、姿态,例如趴在桌子上望着某处出神、手托着下巴做沉思状、双手交叉抱于胸前、抬头望向天空等等,这些姿态其实都能表露他的心事,只要我们认真观察,再加上对他的了解,仔细分析一下就行了。

165 透过走路姿势，让你看清他的为人

因为每个人的个性不同，所以平常走路的姿势也会有所差别。从走路姿势中，我们也可以洞悉出一个人情感上的变化。

他平时是怎么走路的？

A.走路一摇一摆的

B.步伐非常矫健

C.步伐急促，匆匆忙忙

D.步伐平缓，走路速度很慢

E.昂首挺胸

心理分析：

A.这种人是非常爱慕虚荣的，喜欢在别人面前表现自己，有时候可能会取笑别人，虽然也许这并不是他的本意，但总是让人感觉口无遮拦。有时候其实他们会很大度，只是总喜欢在别人面前表现自己。

B.这种人是行动派，他们做事情非常谨慎，凡事三思而后行，不莽撞和唐突，做什么都是脚踏实地一步步做起，而且非常讲究信用，不轻信人言，有自己的主见和辨别能力，是一个可以让身边人信任的人。

C.这种人做事情讲究效率，但缺少必要的细致，有时候有点不够有耐心。他们遇事从不推诿搪塞，喜欢竞争，喜欢挑战。

D.这种人缺乏自信，也没有什么冒险精神。谦虚谨慎，在人际交往中常常喜欢隐藏自己，虽然沉默寡言，可是他们非常注重友情，甚至可以为朋友牺牲自己的利益。

E.这种人看上去非常自信，但其实有点孤傲。他们凡事都听不进去别人的意见，对人际交往较为淡漠，经常是孤军奋战。可是他们的条理性比较强，有着很强的组织能力。

情 商 提 点

从走路的姿势，我们往往可以判断出一个人此时的心情。青少年想学会这种通过看走路姿势了解人的本领，就要在现实生活中学会观察和总结，进而耐心细致地发掘和判断他人的性格。

166 他的家里，有一只怎样的宠物？

很多家庭都养有宠物。根据每个人不同的喜好，他们所养的宠物也不同，而通过他喜欢养的宠物，就可以看出他们的真实性格。那么，你想了解的人喜欢养什么样的宠物？

A.养鱼

B.养狗

C.养鸟

D.养猫

心理分析：

A.这种人很会享受生活，是个充满自信的乐天派，没有很大的目标，很容易满足，只想平平安安度过每一天。虽然说他们没有大的志向，但能够过得很快乐。

B.这种人性情温和，看上去非常亲切，可是他们一般缺乏主见，很容易顺着他人的想法去做事。同时他们的性格外向开朗，交际能力出众，爽快开朗，心里有什么想法，马上就会从一些表情和动作中表现出来。

C.这种人情感细腻，心胸狭窄，人际交往的能力非常差。他们通过养鸟自娱自乐，帮助他们打发多余的时间和寂寞，成为他们排解孤独的重要方式。

D.你这个人的自主意识非常强，讨厌随便附和，也从来不会因为一些外在因素而委屈自己。他们喜欢宁静和恬淡，不会轻易流露自己的感情，很少有人能进入他们的内心世界。

情 商 提 点

事实上，我们日常见到的一些小动物和人一样，也具备某些性格特征。比如说，狗，在人看来它代表着忠诚，而猫则代表着好吃懒做等。

因而，如果一个人喜欢某种小动物时，那么我们就能从他喜欢的小动物身上看出他的性格偏爱，他是看重诚实守信、坚毅果敢，还是喜欢享受等。这样，我们在与同学们进行交往时，通过他喜好的小动物就能准确把握他的性格，从而适时调整我们的"交往战略"了。

 留意他的吃饭细节

你想了解的人，平时都是怎么吃饭的？是狼吞虎咽还是细细咀嚼？是喜欢和很多人一起吃，还是自己一个人享受美食？心理学家们把进食的方式分为六种，他属于哪一种呢？

A.速度非常快

B.细细品味，不紧不慢

C.每次都是吃饱就好

D.喜欢自己一个人吃

E.什么样的食物都很有兴趣

F.遇到好吃的就一定要吃完

心理分析：

A.这种人有什么不高兴都会写在脸上，从来不会刻意地伪装自己。集体意识比较强，很会团结身边的人。

B.这种人做事情都比较认真细心，而且从来不会做没把握的事，但对人很冷漠。

C.这种人比较保守，从不张扬，行动起来也是非常的谨慎小心，但有时候难免会太过于保守，缺乏创新。

D.这种人比较孤傲，可是他们是真正的行动派，责任心非常强。

E.这种人有很好的精力，个性也比较随和，和身边的同学和家人都能够相处得非常好。

F.这种人的性格非常直爽，精力旺盛，为人真诚而且做事果断。

情商提点

吃饭是我们日常生活中所最常见的事情，而进食方式也是展现一个人性格的重要方式。从测试中，我们可以看出吃饭的快慢、咀嚼的仔细与否、会不会把饭吃完，都是判断一个人性格类型的重要依据。所以，我们要想了解同学、朋友的性格特征，就可以从吃饭这件小事上去进行判断了。

168 哪种食品，是他最爱吃的？

　　每个人的口味都不一样，比如说有人喜欢清淡一点的，有人喜欢辛辣一点的。除了受周围环境的影响之外，这和我们每个人的性格也有着不可区分的联系。

　　那么，你想了解的人喜欢下列哪种方式做出的食品？

　　A.蒸制的

　　B.煮炖的

　　C.烤制的

　　D.油炸的

心理分析：

　　A.他的性格比较内向，一般情况下不会因为冲动而突然要做某事，经常会因为某件事情而犹豫不决，同时你不喜欢向别人表露自己的心思。

　　B.他的性情是比较温和的，和很多人都可以谈得来，有时候有点喜欢一些不切实际的幻想，不过并不计较这种幻想到底能不能实现。

　　C.他非常有进取心，做事情时会全情投入，有时候会有点性情急躁，身上缺乏一种当机立断的作风。

　　D.他有很强的好奇心，非常容易触景生情，时不时地会冒出一些想要做大事情的想法，可是一旦遇到挫折就会灰心丧气。

情 商 提 点

　　就食物而言，每个人有每个人的口味。从口味看人的性格，是一个传统的识人方式了，例如我们常听人说的："爱吃辣椒的人，脾气暴躁，还容易成大事。"就是按照这个识人方式来说的，虽然不一定科学，但是也能反映一些性格问题。

169 想要了解他，不妨听他笑

笑是人们表露情感的方式之一，心理学家们曾经研究发现，笑的类型有很多种，而每一种类型都代表着一种独特的心理特质，从笑声中我们就可以发现这个人的性格特点。

那么，你想了解的人平时都是怎么笑的？

A. 很奔放地笑

B. 低沉地笑

C. 经常会笑出眼泪

D. 发出很尖锐的笑声

E. 笑声干涩

F. 笑声柔和而平淡

G. "嗤嗤"地笑

H. 根据不同的场合发出不同的笑声

心理分析：

A. 这个人比较热情坦诚，遇到事情马上就会作出选择，绝不拖拖拉拉，可是内心非常脆弱，受到伤害后很容易一蹶不振。

B. 这种人有点忧郁情结，情绪容易受到他人或外部环境的影响。但他们的人际关系还是很不错的，能够和身边的人和谐共处。

C. 这种人很有同情心，热爱生活，积极上进，有时候甚至会为朋友的利益而牺牲自己的利益。

D. 这种人有很强的好奇心，精力充沛，做事情十分谨慎小心，是一个很好的执行者。

E. 这种人是比较现实的，并且能够洞察他人心理，理智而精明。

F. 这种人是非常通情达理的，懂得处处为他人着想，并且善于处理人事纠纷。

G. 这种人有很强的纪律性，能够严于律己，同时还有很强的创造力和想象力。

H. 这种人总是能够很好地适应环境的变化，善于交际，无论对方是什么性格的人，都能够与其和睦相处。

情 商 提 点

　　从笑的方式，我们也能判断出以一个人的为人处世风格及性格特征。因而，作为青少年，也要学习一些"以笑识人"的方法。

　　通常情况下，喜欢放声大笑的人性格比较开朗，为人处世方面也比较直爽；而那些轻声浅笑的人，则相对内向一些；忍着笑声的人，则比较严于律己；能将笑发挥到收放自如的地步的人，则是适应能力强，善于交际，与人为善的人。总之，不同的笑法，展现不同的性格。

170　哪种类型的音乐是他的最爱？

　　音乐是一门充满奥妙的艺术，不但可以陶冶我们的情操，还可以愉悦我们的心情。喜欢不同音乐的人，性格也会有所不同。

　　哪种音乐是你想了解的人比较喜欢的？

A. 摇滚乐

B. 进行曲

C. 爵士乐

D. 打击乐

E. 古典音乐

 心理分析：

　　A. 这种人无时无刻都会保持着旺盛的精力，可有时候他们的情绪起伏会有点大。同时他们非常喜欢人际交往，人缘也还不错。

　　B. 这种人是标准的保守派，他们会严格恪守规矩，不喜欢变化，同时还是一个完美主义者，总是要求自己把每件事都做好，力求尽善尽美。

　　C. 这种人比较喜欢安静，他们对那些性格太过开放的人显然有点不欢迎，对他人也非常体贴，会时时刻刻为他们着想。

　　D. 这种人是性格比较单纯的一种人，他们有着非常随和的人生态度，总是以比较积极的态度来面对生活中的一切事情。

E. 这种人总喜欢追求完美，有什么样的身份和地位对他们来说非常重要，他们不在乎物质的享受，更注重的是精神上的愉悦。

情 商 提 点

现在，几乎所有的青少年都有借助手机、MP3等听音乐的习惯，至于听什么类型的歌，喜欢什么样的明星，那只能用"五花八门"来形容了。

事实上，从音乐也能看出一个人的个性。我们在学校经常会看到一些着装奇特、喜欢听摇滚乐的同学，一般而言这样的同学都比较乐观开朗。而一些喜欢听伤感歌曲、古典音乐的，则又是另一种性格，要么比较忧郁、内向，要么就是温柔恬静型的。总之，不同的音乐类型，反映出不同的个性。

171 他中了五百万……

生活中常常充满了偶然，我们可能会凭借自己的本能和潜意识来做出一些反应，而这种情况下做出的反应，也是最真实的自己。比如说，如果有一天他突然中了500万……

如果是你想了解的人突然中了500万，你觉得他会怎么做？

A. 非常开心地笑出来

B. 兴奋地跳起来

C. 紧紧攥住彩票，生怕丢了

D. 有点不知所措

心理分析：

A. 他通常不容易表露自己的感情，很少会将自己内心的活动显示出来。虽然说他平时总喜欢压抑自己的感情，可是一旦时机成熟，就会不可遏制地爆发出来。

B. 他是喜怒于色的那种人，只要观察他的脸色，就可以猜出他心中所想。

C. 他的交际能力非常强，是八面玲珑的人。在社交生活中，你善于和各种各样的人打交道，因此拥有很好的人缘。同时你也是一个非常注重自己外在形象的人，而且善于隐藏自己的内心活动。

D.他是一个标准的情绪控，时而表现得很活跃，时而会显得很安静。一件很小的事情都很容易引起你内心情绪的变化。你还是要学会多调节一下自己的情绪。

一些突发情况最能展现我们的真实个性，你的同学在突发状况如中大奖时是什么表现呢？做过测试之后，相信我们已经对他的性格特征有大致了解了。那么，对于他积极的一面，我们不妨去学习；而对于不好的一面，则要尽量避免被影响。

172 他对于《卖火柴的小女孩》有怎样的看法？

问问你的朋友，在《卖火柴的小女孩》这个童话里，他觉得哪个情节最不合理？
A.没有一个人向小女孩买一盒火柴
B.小女孩不从父亲那里逃出来
C.没有一个人帮助小女孩
D.小女孩卖火柴

心理分析：

A.无论做什么事情，他都是一个最注重结果的人。在这种心态的影响下，他可能经常会走一些捷径。

B.这种人有着很强的分析能力，同时也是一个很有主见的人，不管别人有什么想法，都改变不了自己经过思考而得到的结果。

C.这种人的戒备心非常低，只要别人说点好话就会给予信任，同时他缺乏主见，容易被别人所利用。

D.这种人的直觉判断力非常不错，是一个非常注重细节的人，总是能够观察到别人没有注意到的细节。

 情 商 提 点

在读童话故事时，我们总是会在脑海中为剧中的小人物设定故事情节，你想了解的人也是一样。听听他的看法吧，这样一来，他的"真面目"就会暴露在你的眼前！

173 地铁里的他

我们每个人其实都有两种性格，一种性格是我们通常所展现在外面的那种，而另一种则隐藏在我们的内心。那么，他隐藏起来的性格是什么呢？

假设你想了解的人在地铁站等车，地铁即将开走时，他急忙在最后一刻上了车厢。而这会是第几节车厢？

A.第一节车厢

B.前半段车厢

C.后半段车厢

D.最后一节车厢

心理分析：

A.他心中所隐藏的那个性格会经常跑出来，是一个非常情绪化的人，他身边的人也都很清楚这一点。

B.通常情况下，他表现出来的都是非常理智的，可有时候又常常会控制不住自己的情绪，这让他自己也非常苦恼。

C.他通常都会把自己的另一面隐藏起来，平时不太显露出来。不过一旦压力到达临界点时，就会像变了一个人一样。

D.他的自制力非常强，所以另一面一直都被自己隐藏起来。

 情 商 提 点

　　人的性格具有两面性，有积极的一面，就会有消极的一面，不可能完美无缺。所以，当我们发现自己的积极面展露的比较多时，就要好好保持。当发现自己的消极面展现的比较多时，就要及时进行反思，想办法进行克制，例如严格要求自己改正，在家长的帮助下对自己实行奖惩制度等。另外，我们还可以通过与他人的比较来强迫自己压制不好的一面。

174 他是怎么吃汉堡的？

　　有很多同学都很爱吃汉堡，美味的汉堡不仅可以满足我们味蕾的需求，还可以培养我们的洞察能力。因为，通过每个人吃汉堡的不同的吃法，我们可以看到每个人性格上的一些特点。那么你想要了解的人是怎么吃汉堡的呢？

　　A.从边缘小口地吃

　　B.咬一大口

　　C.掰成两半来吃

心理分析：

　　A.他是一个非常谨慎小心的人，做事非常的细致。不足之处是凡事太过考虑，以至于有时候可能会拖延时间。

　　B.他是一个十分洒脱豪爽的人，很有胆量，是个标准的行动家，好胜心强，有自信。缺点是过分冲动，往往自己吃亏，应尽量听取别人意见。

　　C.他有很端正的做事态度，即使心里很喜欢某些东西，也不会急于去获取，凡事尊重别人意见，要对方表示才敢行动。不过也是因为他的这个特点，可能经常会被人占了便宜。

情 商 提 点

　　对许多青少年来讲，汉堡是个好吃的东西，所以他们在吃的时候都会情不自禁地将自己的性格展现出来。因而，我们要练就自己的洞察力，不妨从观察别人吃汉堡开始，看他是一个细嚼慢咽的谨慎人，还是一个大口咀嚼的豪爽人，抑或是一个吃起来不慌不忙的沉稳人。通过这个方式练好自己的洞察力之后，我们看人时不说百分之百准确，也能有个百分之八九十了。

175 对于摆鞋子，他有怎样的习惯？

　　晚上放学回家，我们都会在门口脱下鞋子。可别小看这件事，从脱下鞋子的摆放形式，我们也可以看出一个人的性格。

　　他平常脱完鞋后，都是怎么摆放的？

　　A.鞋尖朝入口处排好

　　B.鞋尖朝进来的方向排好

　　C.就是脱掉的样子

心理分析：

　　A.这种人做事情之前都会做好一切准备，是一个追求完美的人。他会压抑感情，喜怒不形于色，遵守社会规范而行动，可是有时候难免会让人觉得他这个人太死板了。

　　B.这种人的人际交往能力非常不错，是个办事周到的人，总是能给身边的人带来一种安全感。

　　C.这种人是非常自私的，总是把自己的利益看成是最重的，而且较冲动，喜欢自由奔放的生活方式。从好的方面来说的话，他是一个积极进取的人。

情 商 提 点

从脱鞋方式上，也能洞察一个人的心理，了解他的性格。这一点，青少年可以学一学。这样，我们就能很好地洞察朋友和同住的室友们的心理了。

在运用这个方法观察人心时，我们的表现不要太刻意，否则别人会以为我们有些"不正常"，毕竟没有几个人喜欢去观察别人脱鞋。另外，当我们发现这种方法确实能判断一个人的心理时，就要注意自己在家长和同学面前的言行，尽量不要去做触犯他们的事情。

176 他是否是一个反应力优秀的人？

在很多情况下，一个敏锐的反应能力可以让我们少做很多准备，并能帮助我们做出正确的决定。那么，在你想要了解的人身上，是否具备这两项素质？

例如，你可以问问你想了解的那个人：在一天早上，突然看到一个打扮新潮的女孩正在翻包，他觉得这个女孩在找什么？

A.小镜子

B.小化妆品

C.钱包

D.纸巾

心理分析：

A.选择此选项的人反应能力确实不怎么样，但由于他是个十分注重礼仪的人，所以他的观察能力还是很不错的，能由对方的一点小动作推出他的企图及动机。

B.选择此选项的人有着十分精准的判断力，猜测事情通常八九不离十。可是有时候他有点过分关注别人的私事，真正该关心的事物反而不去注意。

C.在很多朋友一起出去玩的时候，是这种人发挥敏锐观察力的最佳时候，他们会很担心因为一个细节不注意，就很有可能会吃亏，比如说吃饭让你付账的这种事情。

D.这种人太过于关注自己的外在形象，在乎外表得不得体，所以对他人的观察能力很差，对事物的反应力更是差得无人可及，所以非常容易上当受骗。

情 商 提 点

要洞察和了解他人，我们自己的反应力和判断力都要很强，否则的话我们所了解到的就不一定是他人的真实性格了。那么，该怎样培养和提高自己的反应力和判断力呢？

首先，注重细节，细节往往能决定成败。当我们养成注重细节的习惯，就会不自觉地对微小的事情产生反应，并且很快去对其进行判断。其次，在学习和生活中注意多跟他人进行辩论，这是锻炼反应力和判断力的最佳方式。

177 你的观察力真的过硬吗？

一个敏锐的观察力可以帮助我们注意到许多容易忽略却非常重要的细节，无论在生活还是在学习中，观察力对我们来说都是非常重要的。那么你的观察力怎么样呢？

（1）刚进到一个陌生的房间，你会：

A．注意桌椅的摆放——3分

B．注意用具的准确位置——10分

C．观察墙上挂着什么——5分

（2）当和一个人碰面时，你：

A．只会注意他的脸——5分

B．悄悄地从头到脚打量他一番——10分

C．只注意他脸上的个别部位——3分

（3）你看风景时印象最深刻的是：

A．色调——10分

B．天空的颜色——5分

C．当时浮现在你心里的感受——3分

（4）早晨醒来后，你：

A．马上就想起应该做什么——10分

B．回忆昨晚的梦境——3分

C．思考昨天都发生了什么事——5分

（5）你在公共汽车上坐着时，你：

A. 谁也不看——3分

B. 看看谁站在旁边——5分

C. 与离你最近的人搭话——10分

心理分析：

总得分在45分以上：

你有着非常敏锐的观察力。对于身边的事物，你会非常细心地留意，同时，你也会进行一些合理的分析。不过，有时候过于关注一些细节，会让我们忽略从全局考虑问题的重要性。

总得分在25—45分之间：

你的观察力也是相当不错的，很多时候，你会精确地发现某些细节背后的联系，这对你判断力的培养是非常重要的。可是有时候，你对别人的评价难免过于有偏见。

总得分在25分以下：

你的观察力是非常弱的，基本上你对周围的一切事物都不关心。在你看来，能够引起你关注的也就只是你自己而已。

情 商 提 点

很多事情的真相其实都掩藏在虚假的外表之下，也有很多细节往往放在那些不起眼的小角落里，要想去伪存真，以小见大，一定要有一个非常敏锐的观察力。所以，我们一定要注意培养自己的观察能力，不要总是着急下结论，多观察和分析，然后再作决定，比如说观察小鱼的成长变化，观察树叶的不同形状等，这样你的情商才能得到提高。

178 你拥有敏锐的第六感吗？

想要很好的洞察他人，有时候需要你有超强的第六感，那么你具有这种神奇的感觉吗？

一天，你在阳台上晾衣服，衣服干了你去收时，发现有件衣服上面竟然有个污点没洗干净，这对有洁癖的你来说简直是不可容忍的。那么，这件有污点的衣服，在你心中是什么颜色的呢？

　　A．紫色

　　B．乳色

　　C．黄色

　　D．深红

　　E．绿色

心理分析：

　　A．紫色。你的有一定的第六感超能力，能准确地洞悉到他人讨厌什么。不过这种敏锐，可能会让你在恋爱方面有些畏惧，因为你很容易就能知道，你心仪的人对你的态度。

　　B．乳色。你具有超强的第六感，几乎是一个异能者了！看人一眼，就能断定此人是否与你有缘，是否能够成为朋友或是恋人。

　　C．黄色。你对恋人之间的情感比较敏感，能够捕捉到对方的心思。

　　D．深红。你是个适合做生意的人，因为你对客户的动作和行为很敏感，很容易通过细心的观察抓住人心。

　　E．绿色。你也有比较强的第六感，其中最擅长的就是揭穿伪君子的真面目。所以，有时候你的社交中会吃一点亏，但你最让人喜欢的恰恰也是这一点。

情 商 提 点

　　所谓的"第六感"实际上并没有科学的依据，所以青少年不可完全依赖自己的"第六感"去与人相处，更多的还是需要结合现实依据去评判一个人。

179　你的朋友是贪婪的人吗？

　　交朋友应有所选择，不能任何人都与之交往，尤其是对一些喜欢贪小便宜的人，更要果断与其断交。你身边的朋友有特别贪婪的吗？你可以用这道题来测试他们一下：

你们在饭店聚餐时，服务员端来果汁，托盘里的杯子盛有不同分量的果汁，你会选择哪一杯呢？

A.正准备要倒入果汁的空杯

B.半杯

C.七分满的杯子

D.满杯

心理分析：

A.是一个欲望很多很强的人，尤其是对金钱的欲望，这样的人通常比较贪婪，与之交往要谨慎，特别是在金线方面。

B.是一个做事谨慎，不是特别看重物质的人，当朋友应该比较不错。

C.是一个自制力非常强的人，有较强的物质欲望但同时也很善于支配。

D.是一个非常贪婪的人，什么都想占有，物质欲望极强，最好不要与这样的人交朋友，否则后患无穷。

情 商 提 点

交朋友应择良友而交。结交良友，自己也会从朋友身上学习到很多优点，带动自己进步。交错了朋友，不但有可能拖累自己，更会给自己带来心灵上的伤害。

180 善与恶，你能第一时间分辨吗？

洞察力是一种去伪存真的能力，也是一种能够迅速抓住重点的能力。你的洞察力如何呢？让我们通过潜意识的幻想，来发现自己的洞悉能力。

设想一下，假如你看到路边贴了一张告示，上面悬赏一百万元，你觉得那会是写着什么诉求的告示？

A.寻找宠物

B.寻人启事

C.寻找失物

D.寻找车祸目击证人

心理分析：

A.你很善良，很容易相信别人，也很容易被骗。但你还不长记性，受骗后还会犯同样的错误。你必须提高警惕，避免让身边的一些坏人伤害到你。

B.你的洞察力还可以，会有一点戒备心。因为你有强烈的好奇心，也喜欢和人相处，时间长了你就了解不同的人什么样了。而你也能和人保持一定的亲疏关系，自然不容易惹祸上身。

C.当你发现一个人比较可疑时，你会采取很引人注意的防御行动，让大家都知道你的态度。虽然你的洞察能力还不错，可是容易冲动行事，这反而会坏了事情！

D.你的戒备心非常重，一些很小的细节都足以能够引起你的注意，想骗你非常不容易。而你也有精确的判断力，能迅速掌握全局，对方什么花招都瞒不过你的眼睛。

情 商 提 点

作为青少年，我们需要不断培养自己各方面的能力，其中，洞察力是一个最不容忽视的能力。拥有洞察力的青少年，在做任何事情时都能找到与众不同的角度，而且还能在遇见危险事件时轻而易举地化险为夷。所以，我们要处处留心生活中的细节，遇事要细心分析，培养自己的洞察力。

181 看一个字就能了解一个人

我们常说"字如其人"，讲的就是每个人不同的字体，代表了每个人不同的个性。那么，你想了解的人平时的字体是什么样的？

A.字体有棱有角，但是非常潦草

B.字体大，线条大气，有力

C.字体有棱有角，笔画细小

D.字体方正，有规律

E.字的大小、形状、角度都不定

心理分析：

A.这个人是非常理性的人，处事认真负责，具有较强的逻辑思维能力。同时，他的性格比较刚毅，凡事都会从大局考虑问题，有时近乎循规蹈矩。

B.这个人是非常容易相处的一个人，善于社交，为人真诚亲切，不过有时候难免会有一点冲动，可能会忽略一些细节问题。

C.这个人心胸狭窄，对自己没有信心，做事情也缺乏果断，非常在乎别人的看法和态度，可是往往会顾此失彼。

D.这种字体的人，是一个做事情非常认真的人，可是有时难免会过于拘泥，有板有眼，规规矩矩，但意志力非常坚强，总能坚持到最后一刻。

E.这种字体的人非常虚荣，非常注意自己的外在形象。他们谈话当中经常强调自己的观点，不会换位思考，总是伤害别人，缺乏同情心和合作精神，而且有时候看问题太过实际，反而让人觉得太呆板，太严肃。

　　观察一个人的字体，其实也能加深对一个人的了解。所以在学校时，我们想要了解一个同学，不用刻意与他进行交流，观察他的字体就是一个很好的办法，这会使们在对一个人有所了解的基础上，沟通起来更加顺利。

（182） 交谈中你最讨厌哪种人？

我们的人际交往常常是通过交谈来实现的。和不同的人进行交谈，有时候我们会非常尽兴，有时候却会败兴而归。俗语说道不同不相为谋，我们也可以引申过来，就是说不一样性格的人，我们谈话进行的情况也就不一样。

那么，在交谈中你最讨厌哪种人？

A.喜欢讨论别人隐私的人

B.随声附和的人

C.总是在谈论自己

D.自己一直说个不停

E.喜欢向别人炫耀

心理分析：

A.你有一种很强烈的支配欲望，喜欢教育他人。同时还有很强的窥私欲，对别人的私事非常感兴趣，是一个很八卦的人。

B.你性格温厚，不喜欢争强好胜，也不想成为别人目光的焦点。你十分善于照顾别人，能够设身处地为他人着想，并能及时提供帮助，值得结交为朋友。

C.你有很强的自我意识，总是以自我为中心，自私自利。在人际交往中，你很少去考虑别人的利益是否受损，不仅喜欢自我陶醉，有时候也有点过于任性。

D.你的生活态度非常消极，对很多事情持否定态度，不会轻信外人。你不停地说话只是为了发泄自己不满的内心。你也许会有很大的抱负，但大都不会落实到实际生活中。

E.你当下的生活状态不太乐观，以前也许你是别人的焦点，可是现在也深陷困境。为了摆脱失落感，寻求解脱，才会想用自己以前所取得的那些成就，来麻痹自己的神经。

情 商 提 点

"交谈包括谈话者、听话者、主题三个要素，要达到施加影响的目的，就必须关注此三要素"。这是古希腊最伟大的思想家亚里士多德的话。所以，我们知道要想看透一个人，就要去认真观察他，注意他的谈话内容，也就是谈话主题。

有时候，谈话主题并不是那么好把握，所以青少年在与人交谈时，要注意认真听对方讲话，看他在一段话中说了哪些内容。当听不懂时可以适时打断对方，之后，再冷静地进行分析，就能知道他是什么样的人了。

183 你的洞察力算优秀吗？

要想评判一个人的社交能力，除了了解是否有沟通的技巧之外，我们还要看他们在社交活动中的一些细节是如何做的。那么，你可以通过自己的眼睛洞察出别人的社交能力吗？

请同学们根据自己想要了解的人的情况回答："符合"、"基本符合"或"难以判断"。

(1) 遇到陌生人时，他的热情就马上降下来。

(2) 很少主动去和别人说话。

(3) 他总是在社交活动中避免那些可以让自己尴尬的行为。

(4) 不喜欢在大庭广众之下说话。

(5) 文字表达能力远比口头表达能力强。

(6) 在很多人面前说话时不敢直视别人的眼睛。

(7) 不喜欢广交朋友。

(8) 不到万不得已，不会主动要求别人的帮助。

(9) 在长辈和老师面前说话会非常紧张。

(10) 参加聚会时要坐在熟人旁边。

评分标准：

选"符合"得2分，选"基本符合"得1分，选"不符合"得0分。

心理分析：

总得分在8—15分之间：

你想要了解的人的交际能力是非常差的，已经严重影响到了正常的生活。

总得分在15—20分之间：

你想要了解的人交际能力很一般，还有很大的提升空间。

总得分在20以上分：

你想要了解的人的交际能力非常强，十分擅长搞好与他人的关系。

社交中，不是只有简单的交谈就行了，还需要具备观察他人的能力，这一点恰恰是许多青少年所缺乏的。要想练就这个能力，青少年在与人交谈时，就不要只把注意力放在谈话上，还要留心观察对方衣着、表情、行为举止等。

184 直觉真的那么准吗？

很多时候，我们都是靠直觉来判断问题，敏锐的直觉往往能够帮助我们做出一个正确的决定。你的直觉准不准？你是否相信你的直觉？赶快来测试一下吧。

你可以根据自己的真实想法回答"是"或者"否"。

(1) 玩猜猜看的游戏，你是否经常会赢？

(2) 当你十分想念一个老朋友时，他是否会在这个时候给你打电话？

(3) 有没有你第一次看见一个人，就觉得他非常可靠？

(4) 你是否会没有来由地去讨厌一个人？

(5) 你曾经在电话铃响时就料到谁打来的吗？

(6) 你觉得是否有人在冥冥之中指引着你？

(7) 你曾经在对方未开口之前，就知道他们想说什么吗？

(8) 你晚上梦到的试题是不是真的出现在了试卷上？

(9) 你有没有对某个人都似曾相识的感觉？

(10) 你曾经在拆信前就猜到内容了吗？

评分标准：

选"是"得1分，选"否"得0分。

心理分析：

总得分在0—3之间：

你的直觉可以说是非常弱，几乎很少有他们发挥作用的时候，平时多观察事物的细节，可以帮助你提高自己的直觉判断力。

总得分在4—6之间：

你还是有一定的直觉判断力的，不过往往不知道如何有效运用。你不妨让直觉来为你做某些决定，也许能够给你一些意外的收获。

总得分在7分以上：

你是个有敏锐直觉的人，可以说是非常有天赋的，而且你懂得很好地利用这种直觉。

　　直觉，对每一个人来说都是相当重要的，所以青少年们也要注意一下自己的直觉。有些青少年特别相信自己的直觉，而有些青少年在凭直觉做事时则老是出错。其实，这主要是平时的能力锻炼和知识积累不够。所以，我们要锻炼自己分析判断问题的能力，平时要多学一些知识，这样在凭直觉做事时，才能找到参考和依据，才能把事情把握得更准确。

185 付款方式透露着他的个性

　　生活中有好多小细节都是非常值得我们去关注的。比如说和同学们一起去吃饭，你就会发现他们付款的方式也不一样。这看上去不过是一件小事，可是我们却可以从中判断出一个人的性格特征。

　　你的朋友们一般都是怎么付账的？

　　A.亲自主动去账台付款

　　B.从来都不积极，而是要拖到最后

　　C.不亲自付款，把付款任务推给别人

　　D.收到账单后立刻付款

心理分析：

　　A.这是一个非常保守的人，偏重于循规蹈矩，守着一些过时的东西，缺乏冒险精神。同时他们的内心还有一点自卑，但又极希望获得他人的肯定和认同。凡是他们只有亲自参与，才会觉得有所保障。

B.这类人自我意识很重，比较自私，也从来没有想过要公平对待一些事情，总是想着自己少付出或是不付出就得到尽可能多的回报。他们在一般情况下不会轻易地去关心和帮助别人，人际可以说并不算太好。

C.这种人没有主见，无法坚持自己的原则和立场，只能服从别人的命令。他们的责任心并不强，就算是有错也会为自己开脱，而且缺乏面对困难积极行动的勇气。

D.这种人非常有魄力，什么事情都是说到做到，十分果断，从来不拖泥带水。他们的个性独立，为人真诚坦率，什么时候都不会为自己的利益而牺牲别人的利益。

情 商 提 点

从付款方式上，我们不仅可以看出一个人的性格，还能看出他对待朋友是否真诚，值不值得深交。所以，青少年一定要掌握这个从付款方式上看人的本领。

如果你的朋友每次都抢着付款，说明他很大度，愿意为朋友付出，很值得交往。如果每次结账时，他总是畏缩不前，甚至偷偷溜掉，那就说明他比较吝啬、自私，很容易让朋友吃亏，所以不值得交往。

186 他最喜欢看什么样的电视节目？

某著名心理学家曾经说过："要想洞察出一个人是什么性格，其实只要知道他喜欢什么样的电视节目就可以了。"每个人的性格有差异，自然兴趣也会有差别。反过来，我们可以通过一个人的兴趣来洞察出他的性格。

你想要了解的人，喜欢什么电视节目？

A.家庭伦理方面

B.戏剧节目

C.有奖游戏或猜谜式节目

D.喜剧

E.恐怖或罪案故事片

F.型综合性娱乐节目

G.体育节目

心理分析:

A．这种人的想象力非常丰富，是非分明，极富正义感，在处理事情时也总能拿捏好尺度。

B．这种人对自己充满了信心，喜欢冒险。可是有时候难免太过主观，喜欢争强好胜。

C．这种人一般都非常聪明，推理能力强，遇到问题能够非常冷静地进行分析，找到问题的解决办法，可是有时候会有点缺乏耐心。

D．这种人大多不喜欢向别人袒露真心，他们常常利用幽默感去隐藏内心真实的情感。一般来说，他们并没有太高的目标。

E．这种人拥有强烈的好奇心，也喜欢争强好胜，凡事能够贯彻始终，付出百分百的努力，喜欢追求刺激而不甘于平凡。

F．这种人的性格十分的开朗乐观，最能体谅别人，宽容心极强，那些不开心的事情，用不了多长时间就能忘掉。

G．这种人越挫越勇，给他的压力越大，他的能量也就越大。他们做事谋定而动，计划周详，而且总是要求自己要非常完美地完成。

情商提点

从对方所看的电视节目判定对方的性格，也是青少年应该学会的识人方法。从所看的电视节目中，我们不仅可以看出这个人是幽默还是严谨，还能看出这个人生活追求是什么。所以，当我们与人交往时，可以多跟对方谈谈电视节目的话题，看看对方感兴趣的是什么内容，从而判断这个人的性格。性格判断好之后，如果值得交往，那么我们就要进行自我调整，努力寻找与对方的共同话题了。

足球和篮球他最爱哪一个？

每个人的性格不同，喜欢的体育项目也有所差别。对于青少年来说，有时候通过同学们在体育课上的表现，我们就可以洞察出一个人的一些个性。

你想要了解的人最喜欢什么体育项目？

A.喜欢速度型的运动，比如说田径和游泳

B.喜欢一对一比赛的运动，如网球和羽毛球

C.喜欢集体项目，比如说篮球和足球

心理分析：

A.这种人一般来说是比较独立的，有很强的自制力。他们非常喜欢这种挑战自己体力的运动，那种胜利可以给他们一种成就感。

B.这种人一般责任感比较强，也喜欢竞争胜负和赌输赢，而且比赛的结果与责任只能自己一个人扛起，无法归咎于他人。同时他们做事情非常果断，会直接表达出自己的情感，不会拖拖拉拉。同时他们希望能有深厚的人际关系。

C.这种人有很强的团队精神，他们很享受那种集体的氛围，很喜欢与别人分享，所以也可说他们"想与人同在"的亲近欲求相当高。

情 商 提 点

研究证明，在进行体育活动时，需要每个人具有较高的自控能力、坚定的信心、坚韧刚毅的意志、勇敢果断的性格等品质。因此，青少年们可以从运动中看出一个人的性格，了解他的生活态度。

EQ

做个社交小能手

　　我们的生活离不开社交。在学校我们需要和老师、同学交往，在家我们需要和父母交往，可以说人与人是在交往中建立起和谐关系的。良好的社交能力不仅可以帮助我们建立良好的人脉，而且对我们的学习和生活也是大有裨益。那么，你是不是一个社交小能手呢？

188 语言技巧，你是否可以得心应手？

我们都知道，有时候直截了当地说出一些事情是非常伤人的，而且这也是一种不太礼貌的行为。要想获得良好的沟通效果，我们就必须掌握说话的技巧。那么，你是否已经具备了这方面的素质？

(1) 如果朋友的脸上出现了青春痘，你会怎么安慰他？

A.不用担心，有的人脸上更多

B.现在看上去也无伤大雅了

C.过些时候就好了

(2) 你的一位朋友总觉得自己非常差劲，你会怎么安慰他？

A.主要还是因为你自己的原因，你要改变自己

B.你做得挺好的，不要自责了

C.任何人都不会事事顺利，这是很正常的

(3) 两个同学原本是"仇人"，现在却成了好朋友，你会怎么对他们说？

A.我没想到你们能够和好，这是一件好事

B.我一直认为你们都能成为好朋友

C.这实在是一件好事情

(4) 你的朋友最近在减肥，她觉得很有效果，事实上没有多大差别，你会怎么对她说？

A.直接说出她的努力没有效果，还和过去一模一样

B.比较有策略地表达出自己的看法，告诉她也许今后会更好的，现在和过去好像差不多

C.的确，接着加油吧，你会成功的

(5) 你的一位好朋友换了一个你认为比较难看的发型，你会怎么对他说？

A.这个发型确实比较难看

B.还不错嘛，样子很可爱的

C.还可以，你的样子不会把小孩弄哭的

评分标准：

选A得3分，选B得1分，选C得2分。

心理分析：

总得分在6—10分之间：

你是一个很会说话的人，甚至有时可以说一些善意的谎言，所以你的人际关系很好，身边的人都比较喜欢你。

总得分在11—15分之间：

有时候你说话会得罪别人，说话前再多些思考可能效果会更好。

总得分在16分以上：

你说话非常直白，让人接受起来有一定难度，这让你得罪了很多人，但也说明你是个有口无心的人。若是平时多加注意，那么你也一定会被他人喜欢的。

情 商 提 点

要想与人有良好的沟通，除了真诚以待之外，我们还可以通过一些语言上的技巧来征服自己的交流对象。当然所谓的语言技巧，并不是说我们要说多么华丽的话，而是要学会在恰当的时间说出合适的话。比如说你去看生病的同学之后，就可以适当地说一些善意的谎言来安抚对方，这样，既有助于对方病情的恢复，也有助于你和同学之间良好人际关系的建立。

189 你有怎样的社交习惯？

要想获得良好的人缘，我们不仅需要掌握说话的艺术，而且还要有为人处世的能力，你是否具备这方面的素质？

（1）你和朋友散步时，喜欢走在哪一面？

A.后面

B.前面

C.不确定

（2）你们小组要选组长了，有人提议小张，有人提议小王，你是想选小王的，但是举手表决时先对小张进行评定，你会怎么做？

A.坚持投票给小王

B.见大部分人同意小张，自己也举了手

C.不确定

（3）你单独去旅游的时候迷了路，你会怎么做？

A.根据地图上的指示走

B.会找路人问一下

C.综合以上两种方法

（4）星期天你正在家做作业，可是朋友来找你出去玩，你会怎么做？

A.选择和朋友一块去玩

B.权衡一下当时情况后，再决定究竟是去还是不去

C.坚持在家写作业

（5）当老师错误地批评了你，你会怎么做？

A.即使非常委屈，也会选择委曲求全

B.告诉老师真实的情况

C.介于A、B之间

（6）去公园划船，由于水深船小，船有些晃动，你会怎样登上船呢？

A.扶着朋友的手上船

B.不好说

C.觉得没危险，自己跳上船

（7）对于街上十分流行的发型，你会去做吗？

A.不确定

B.不会

C.会的

（8）你希望和什么样的同学给自己做朋友？

A.和自己学习差不多的

B.没有自己学习好的

C.比自己学习好的

（9）放学的路上突然下起了大雨，在街道旁有两个避雨亭，一处已经有许多人在避雨，而另一处人却很少，你会选择哪一个？

A.不确定

B.人少的

C.人多的

（10）假如你是个女孩子，若有兄弟姐妹的话，你希望是什么？

A.妹妹

B.弟弟

C.哥哥

得分表

题号＼选项得分	A项得分	B项得分	C项得分
(1)	5	1	3
(2)	1	5	3
(3)	1	5	3
(4)	5	3	1
(5)	5	3	1
(6)	5	3	1
(7)	3	1	5
(8)	3	1	5
(9)	3	1	5
(10)	3	1	5

心理分析：

总得分在10—18分之间：

你是一个非常勇敢的人，理解能力强，同时又有坚定的信念。一旦你下定决心，那么无论如何也不会改变。在人际关系上，你有点强势，希望占据主动的位置。

总得分在19—38分之间：

你是一个非常礼貌的人，办事稳健，在众人面前不卑不亢。你处事坦然，往往在关键时刻能够发挥重要的作用。由于责任心强，你办事极少出错。正由于你有这些优点，因而很容易赢得他人的好感。

总得分在39—50分之间：

你是一个性格非常好的人，待人温顺而且有很强的承受能力，到哪里都是一个受欢迎的人。朋友们与你相处的时间越长，也就越能感觉你是一个有魅力的人。可是有时候你有点缺乏主见，容易受别人的影响。

情 商 提 点

人际交往的双方应该是平等的，如果你总想占据强势地位，久而久之，就不会再有人愿意和你这样的人交往了。在这方面，我们需要非常注意自己亲和力的培养。如果你在交往中喜欢凡事都听从别人的意见，你就学会要有主见，不能够人云亦云。

190 你会赢得其他人的喜爱吗？

在和朋友交往时，你是否占据主导地位，是否喜欢让朋友都听自己的？这一点，对你的人际关系的维护有着很重要的作用。

来测验一下吧，当你和朋友玩的时候，你觉得他的哪种行为最让你受不了？

A.一直保持一种非常兴奋的状态

B.和你一直不停地唠叨

C.给你讲让他不开心的事情。

D.一直在指责某一个人

心理分析：

A.你是一个非常善良的人，你对所有的朋友都非常好。当你认定了一个人是你的朋友之后，你就会付出真心。

B.你有很强的好奇心，并且愿意把自认为好玩的事和大家分享，尤其是你的好朋友。大家都把你当开心果，你也希望将这种快乐传染给更多的人。

C.你非常重情重义。你在跟朋友相处时，一定会情义相挺，所以做你的朋友，就算很久没有联络，只要一通电话，你就会帮助朋友解决问题。而你所交的那些朋友，也大都是真心的朋友。

D.你对自己身边的朋友并没有付出真心，你觉得朋友都是因为利益的需要而存在的，一旦没有了利益关系，也就没有成为朋友的必要了。所以你身边总是有很多朋友，可是很少有知心的。

情商提点

通过这个测试，你可以了解到自己之前可能没有意识到的性格上的特点，而它们也是你给朋友所留下来的非常重要的印象。对于那些比较好的做法，我们可以继续发扬，而那些可能会引起朋友反感的行为，我们就需要及时纠正了。

191 你的沟通能力是否及格？

要想赢得别人的信赖，仅靠说话是不行的。有时候，一个善意的笑容和一双善于倾听的耳朵，就足以为你赢得你想要的东西。因此，掌握高效的沟通，也是我们取得成功的保障。你是不是一个善于沟通的人？赶快来测试一下吧。

（1）如果你在餐厅看到一个喝醉的人大声喧哗，你会选择下列哪种方式？

A.大声呵斥让他赶紧安静下来

B.转移一下他的视线

C.告诉他所有人都在看他

（2）和朋友交往时，你通常是怎样做的？

A.只批评朋友的缺点

B.只赞扬朋友的优点

C.因为是朋友，所以既要赞扬他的优点，也要指出他的缺点

（3）如果有人问你是不是一个受欢迎的人，你会怎么说？

A.沉思片刻，反问自己："我属于哪一种人呢？"

B.笑着说："当然是受欢迎的！"

C.不高兴地说："不知道！"

（4）在与他人交流时，你总是选择最适宜的场所尽量让对方感到满意吗？

A.一贯如此

B.多数情况是这样的

C.偶尔如此

（5）和陌生人交往的时候会紧张吗？

A.从来不会

B.偶尔会

C.经常会

（6）如果让你和那些与你性格不合的人交往，会出现什么样的状况？

A.几乎很难相处，或不能相处

B.适应比较慢

C.能够很快适应

（7）和别人谈话时你会不会盯着对方的眼睛？

A.是的

B.偶尔是这样

C.经常看着别处

(8) 你是否经常打断别人的话?

A.经常

B.偶尔这样

C.从来不会

(9) 与人说话时,你手的动作是怎样的?

A.经常用手捂着嘴

B.喜欢打手势

C.几乎不用手势

(10) 有人批评你的话,你会怎么做?

A.对的就听,不对的就表示坚决反对

B.一听到批评就急于辩白,甚至顶撞对方

C.对的就听,不对的听过且过

得分表

题号　　　　选项得分	A项得分	B项得分	C项得分
(1)	1	5	3
(2)	1	3	5
(3)	3	5	1
(4)	5	3	1
(5)	5	3	1
(6)	1	3	5
(7)	5	3	1
(8)	1	3	5
(9)	1	5	3
(10)	3	1	5

心理分析:

总得分在39—50分之间:

你很擅长沟通,这方面的能力非常强,无论走到哪里,你都是一个深受大家欢迎的人。

总得分在19—38分之间:

你的沟通能力不算太差,也不算太好,还有待加强。

总得分在10—18分之间:

第10章
做个社交小能手

你是一个沟通能力很差的人，完全不能很好地和人进行沟通，平时只知道一味地学习。这其实是非常不好的，你应该学着走出去与他人交往。

每个人的沟通能力都不是在一朝一夕就能够得到提高的。首先我们要对自己目前的沟通能力有一个比较清醒的认识；其次我们还需要在不断的实践中总结自己的缺点，并且不断改进。

对青少年来说，永远不要因为自己的沟通能力不佳而产生自卑心理，要学会正视自己的缺点，并且多发现自己身上的优点。

192 你的朋友会怎样对待你的生日？

俗话说，赠人玫瑰，手有余香。你如何对待他人，他人就会如何对待你。看看你你身边的人是怎么对待你的，就知道你对别人是什么态度了。

想想看，马上你就要过生日了，你的朋友们会：

A.请你吃饭，送你你一直很想要的礼物

B.跟你AA制吃饭，并为你唱生日歌

C.完全都不记得

A.你是一个很幸福的人，身边的人都很喜欢你，并用实际行动向你证实了这一点。你是个很好相处的人，正是因为你平时对身边的人都很好，他们才会对你报以同样的关心和尊重。

B.你平时对你的朋友还不错，可是你却很少享受到别人最好的待遇。朋友或许不会忘记你的生日，但绝不会特别花心思为你庆祝，这说明你做得还不够好，还有进步的空间。

C.你的朋友们都不怎么关心你，有可能是你之前得罪过他们，另一个原因也可能是他们妒忌你。你首先需要在自己身上找原因。

情 商 提 点

　　相信每个人其实都希望能够得到身边朋友的厚待，可是，我们也要明白，没有一个人会无缘无故的对我们好的，只有做好了自己，别人才可能会对你好。

　　首先，我们要真诚待人；其次，我们要从内心深处多关心一下身边的朋友，让他们真正意识到你的好。只有这样，他们才会给你同样友好的回馈。与朋友坦诚相待，这样你的境况才可能会得到改观。

193　坐在车上你有什么事情要做？

　　公交车是我们经常乘坐的交通工具，而从一个人乘公交车流露出来的小动作，就可以看出一个人是否容易沟通。

　　平时你在公交车上喜欢做什么事情？

A. 看随身携带的报纸

B. 听MP3

C. 看窗外的景色

D. 睡觉

 心理分析：

　　A. 你是一个喜欢沉默的人，给人留下的印象总是很安静，所以难免会让身边的人所忽视。但和知心的朋友在一起时，你就会爆发出自己的能量。

　　B. 在别人看来，你有点冷，肯定不容易沟通。其实你是外表冷漠内心热情，只要是和一个人熟悉了，你就会变得非常热情。

　　C. 你十分擅长沟通。不管和什么样的人交往，你都能应付自如，所以你的生活中有很多应付性质的朋友，你不会轻易地向他们吐露自己的心思。所以，有时候即使交往了很久的朋友，也不知道你到底在想些什么。

　　D. 在别人眼中，你是那种率真坦诚、活泼开朗的人，但只有你自己知道，这些都只是你表现出来的样子而已。你非常会掩饰自己的情绪，即使自己不高兴，你也不会让朋友知道。

情 商 提 点

　　从坐车这样的小细节当中，我们就可以了解到一个人沟通上的一些特点。要想提高我们的沟通能力，我们就需要非常关注这些细节问题。

　　对于那些外冷内热的青少年来说，我们就非常需要在热情度方面多加注意，要让每一个和我们沟通的人，都能够真切地感受到我们的热情。这种热情不仅可以消除一些尴尬，而且还有助于帮助我们实现良好的沟通。

194 你的好朋友究竟是哪一种？

　　那些能够和我们谈得来、了解我们想法的人，通常可以成为我们的好朋友。那么，在你心中，你是如何来界定好朋友的？你觉得什么样的人可以成为你的好朋友？让我们通过生活细节的折射，来了解其中的故事。

　　假如，你从小就是一个很让家人头疼的孩子，你觉得自己最让家人头疼的原因是什么？

　　A.糊里糊涂

　　B.脾气暴躁

　　C.容易受骗

心理分析：

　　A.你的人际关系还是非常不错的，因为你是一个没有心机、想法单纯的人，所以和你相处，人们都会觉得非常轻松。不过，虽然你有很多朋友，但你的知己也就一两个。

　　B.你有很强的个人原则，不喜欢的事，别人勉强你也没有用；喜欢的事，费尽心思都要做到，在一定程度上来说是有点固执的。你的知己必须能接受你的个性，当你无理取闹的时候，他能完全地忍受，而且还要能够理智地劝服你。

　　C.你是一个性情温和的人，很少发脾气，凡事都会先考虑别人。你觉得吃亏就是占便宜，不计较太多，所以要当你的知己，一定也要经常帮助别人，有一个宽容的胸怀。

　　凡是能够成为我们好朋友的人，除了具有相同的价值观以外，一定是能够和我们有良好沟通的人。

　　对于那些自我意识比较强烈的青少年来说，如果想让自己的人际关系有一个改观，不妨用一颗宽容的心去接纳自己身边的人，让他们感受到你的热情和真诚，只有这样，才会有更多的人愿意和你交往。

 亲和力是否在你的身上？

　　在沟通的过程中，一个有亲和力的人往往会更占优势，也最容易取得对方的好感，更加有助于我们进行有效的沟通。那么，你是不是一个具有亲和力的人呢？

　　（1）在和别人交谈时，你会一直盯着人家的眼睛？

　　是——到第三题

　　不是——到第二题

　　（2）和人交谈时，你会带着手势？

　　是——到第四题

　　不是——到第五题

　　（3）你是在朋友面前嚼舌根？

　　是——到第四题

　　不是——到第六题

　　（4）朋友有事需要你的帮助，你一定会拼尽全力？

　　是——到第七题

　　不是——到第十题

　　（5）你的朋友经常来看你吗？

　　是——到第八题

　　不是——到第六题

　　（6）朋友有困难时会第一个想到你？

　　是——到第九题

不是——到第七题

(7) 有苦恼时你非常喜欢向别人诉说?

是——到十二题

不是——到第十题

(8) 打电话时你总是说个没完,让你身边的人不厌其烦?

是——到第九题

不是——到第十一题

(9) 有人夸你时你会说谢谢?

是——到第十三题

不是——到第十题

(10) 朋友过得是否开心对你来说非常重要?

是——到第十一题

不是——D类型

(11) 让你感到讨厌的人很多?

是——到第十三题

不是——到第十二题

(12) 如果遇到让自己不开心的事情,你会精神沮丧,意志消沉?

是——C类型

不是——到第十三题

(13) 你会参加一个其他人都不认识的生日聚会?

是——A类型

不是——B类型

心理分析:

A类型:你是一个十分有亲和力的人,性情开朗,乐于助人,而且有一颗宽容的心。你与人相处的原则是互利互助,但又彼此独立,对事物总有一些自己独特的看法,让人感到与你在一起既愉快又轻松。

B类型:你具有较强的亲和力,能和自己身边的人很好地相处。因为你性情稳重,含蓄内向,所以你很难有办法在短时间内融入一个新的圈子。不过,随着时间的推移,大家渐渐地也就会接受你了。你不妨做一些人为的努力,让大家尽快地了解你。

C类型:你的亲和力不是很强,虽然你非常善良,可你缺乏足够的自主性,也没办法去给困难中的朋友提供帮助,因此难以使人产生信赖感。

D类型：你没有什么亲和力，自己也不愿意主动去和别人沟通，你认为自己一个人就能构成一个完整的世界。与人交往不仅无法使你愉快，反而会让你觉得很有压力。这样的心理状态就导致你一直都没什么朋友。

情 商 提 点

一个具有良好亲和力的人，往往更容易让人亲近，也最容易赢得良好的人际关系。要想培养出一个良好的亲和力，我们除了要有一颗善良宽容的心之外，我们还要学会多站在别人的角度去考虑问题。只有这样，我们才能真正与别人打成一片，收获真诚的友谊。

196 你的戒备心是否已经超标?

每个人都会有防备心，适当的防备心可以让我们少受欺骗，可是过度的戒备心很可能会让我们失去友谊。那么，你是不是一个有很强戒备心的人呢？

如果有一个不太熟悉的人突然对你非常好，你会：

A.虽然不会拒之千里，但是会一直保持戒备心

B.自认有人缘，高兴开心

C.就用平常心对待

D.会毫不犹豫地拒绝

心理分析：

A.你的戒备心是非常重的，尤其是对于陌生人，你马上就会开始想要防御，静待对方的攻势。因为你有这样的谨慎态度，所以你的人际关系通常是四平八稳的，就算有敌人要暗算你，也很少会取得成功的。

B.你的自我意识很重，只为自己着想，所以别人很容易抓住你这个弱点，从而有所企图地接近你。只要对方对你稍微殷勤一点，那么你就失去了戒备心，对方也就得逞了。

C.你不会去给别人设圈套，所以你想着别人也不会对你使坏，所以你宁愿以平常

心来和对方交往。这样的话你会觉得心态较没压力，而且可以坦诚地表现自我，所以你的心中不会有任何防卫意识来隔离对方。

D.你的戒备心有点过重了，这对你的人际关系非常不利。如果对方是诚心想和你做朋友，你这种激烈的反应反而会把对方吓跑，你也就少了一个可以帮助你的朋友。

情 商 提 点

　　对人有戒备心并不是一件坏事情，关键是我们要把握好尺度。要知道，过度的戒备心对我们的人际关系是非常不利的。有很多青少年在学习上很容易产生一种戒备心理，不愿意和同学们去分享学习上的心得，其实这是错误的做法，不利于我们与同学搞好关系。

197 看清自己是哪种交际者

　　你知道自己在交往过程中的表现吗？你知道自己在交往中属于什么样的类型吗？了解这些有助于你更好地处理人际关系。做下面的测试，看看你是哪种类型的交际者。

　　当你和朋友一起坐车去郊区玩的时候：

　　A.让朋友来付车费

　　B.AA制

　　C.自己来付车费

心理分析：

　　A.在人际交往中，你是比较被动的，就算是遇到了自己比较欣赏的人，你也不会主动出击，所以说你的人际关系不是太好。

　　B.在你的心目中，对待朋友是非常理性的，即使是最好的朋友，你也会适当地保持距离。所以，看上去你十分冷漠，其实对朋友非常上心。

　　C.你对待朋友向来是积极热情，因此身边的人都非常喜欢你。可是适当的时候你也要有一点戒备心，防止被一些心肠不好的人利用。

情 商 提 点

　　每个人都有自己的交际方式，我们不能够说谁好谁坏。但如果想要形成有效的人际关系，我们需要学会如何面对不同的人，适合不同的交际方式，这样我们才能够左右逢源。

　　对于那些平时不喜欢说话的同学来说，我们平时可以多和他们进行一些课外的活动，通过这种方式来和他们交流；对于那些比较喜欢说话的同学，我们可以经常和他们讨论一些问题，通过智慧的碰撞来进行交流。

198 你懂人情世故吗？

我们都明白，在人际交往中需要懂一些人情世故。那么，你的交际能力怎么样？

（1）过圣诞节送贺卡，你会送给：

A. 非常熟悉的朋友

B. 无论是不是熟悉，只要认识都会送一份

C. 从来不送

（2）有一天朋友约了你却又放你鸽子，你会怎么想？

A. 假如有充足的原因，那么可以接受

B. 无论什么原因，突然取消约会就是不对的，不可以原谅

C. 再给他一次机会

（3）你前面走着的人突然痛苦地蹲了下去，你会怎么办？

A. 询问他是否需要帮助

B. 很好奇他怎么了

C. 不受影响，继续走自己的路

（4）当你的家人反对你和某人做朋友时，你会：

A. 无论谁反对，都会坚持下去

B. 欺骗家人并没有和他做朋友

C. 认真对待大家的意见

（5）在你遇到困难时，你会想到谁？

A. 一两个有真心的朋友

B.无所谓，感觉谁能帮你就去找谁

C.自己想办法克服

(6) 你会送自己的好朋友什么生日礼物?

A.送他自己喜欢的东西

B.送他喜欢的东西

C.送他比较实用的日常用品

(7) 一个你不是很熟悉的同学向你借钱，你会:

A.大方地借给他

B.借给他，但以后会时常提醒他

C.委婉拒绝，不想借给他

(8) 假如你身上的零花钱已经不多了，可这时朋友还要约你出去玩，你会:

A.先出去玩再说，车到山前必有路

B.用"我没有钱了"拒绝

C.看能否借到钱再考虑去不去

(9) 朋友突然去你家找你，可是你的家里当时非常乱，你会:

A.说句"太乱了，对不起"，把朋友请进来

B.等自己收拾好了再让朋友进来

C.马上带朋友出去玩，不在家中待

(10) 朋友邀请你参加公益活动，你会:

A.十分愿意

B.找借口回避

C.勉强同意

得分表

题号 选项得分	A项得分	B项得分	C项得分
(1)	4	5	1
(2)	5	2	4
(3)	4	2	1
(4)	1	5	4
(5)	2	5	1
(6)	1	5	2
(7)	1	3	5
(8)	5	2	1
(9)	2	5	4
(10)	1	2	5

心理分析：

总得分35分以上：

你身边有很多的朋友。你具有很强的共性特质，心情会随着别人的改变而改变。不过有时候你也喜欢把自己的情感强加在别人身上，这也许会引起别人的反感，需要注意一下。

总得分在22—34分之间：

你的处事能力还是非常不错的，但是有时你会被情感所扰。对于自己感到厌烦的人，却不得不摆出一副很虚伪的笑脸，有时候这会让你觉得非常痛苦。

总得分在12—22分之间：

你比较正直，但并不是不懂得人情世故，而是因为你确实不喜欢去恭维别人，而且你不会说谎话。因此，你身边有很多人是比较欣赏你的正直的。

总得分12分以下：

你是一个十分理性的人，总是能够客观、冷静地思考问题。或许从某种角度来说，不轻易流露自己的情感是优点，可是有时候这也是一种缺乏想象力的表现。

情 商 提 点

有的人在沟通时喜欢直来直往，这样很容易伤害到别人，而且会间接导致自己人际关系的破裂。其实很多时候这都是因为我们说话方式的问题。只要我们能够多站在别人的角度考虑事情，这种问题是很容易解决的。

199 **你的社交形象有几分？**

在人际交往中，我们都会表现出自己独有的特征。你知道你身上的特质是什么吗？

如果你朋友把东西落在了自己家里，你会：

A.赶紧给朋友送过去

B.通过电话或信函，约他到咖啡馆见，然后把东西交给朋友

C.让其他人捎给朋友

D.暂时放在家里，以后再说

心理分析：

A.你是一个既冷静又冲动的人，很多时候都会从整体利益出发，不会被眼前的小利诱惑。

B.你的人生态度非常积极，头脑非常灵活，只不过有时候可能会有点过于自信。

C.你非常开朗，是一个非常乐观的人，只要是别人有求于你，即使自己做不到的也不会拒绝。

D.你非常小心谨慎，有强烈的责任感，也会因为责任感太强而产生压力，请特别注意。

情商提点

　　每个人在社交中的形象都不同，有的乐观开朗，有的则稍显冷漠，有的有礼有节，而有的则大大咧咧。青少年在社交中很容易陷入误区，不知道该如何展现自己。其实，只要举止得体，热情待人，不要说一些伤害他人的敏感话题，始终保持友好的态度，就会受到身边人的欢迎。

200 你的社交优势在哪里？

　　我们需要在社交中扬长避短，多发挥自己身上的优势。那么，你清楚自己在人际交往方面的优势吗？你的好朋友马上要移民去美国了，你在他的告别会上会对他说什么？

A.我会非常想你的

B.有时间常常回来看我

C.有机会我一定会去找你

D.你一定要经常和我联络

心理分析：

A.你是一个非常理性的人，有自己的主见，不会因为别人的意见而随波逐流或犹豫不决。同时，你的逻辑思维能力非常强，不管遇到什么困难，经由你抽丝剥茧都能找到解决方法，所以你身上有很强的领导才能。

B．你平时有点强势，但大多数时候你都能够顺利地帮助大家解决问题。不过出于人际关系的考虑，你还是要改变一下自己做事的方式。

C．你非常善解人意，朋友和你一起相处时会非常开心，没有压力，当心灵受伤时，你又是最好的安慰者，可以说人缘特别好。

D．你非常积极乐观，不管遇到什么状况你都能从容面对，带给别人无比的信心。和你在一起，也很容易感受到你身上的那种自信。

社交优势，是人际交往中最吸引人的方面，我们要对此有一个非常清醒的认识。所以，我们必须学会发挥自己的长处。

201 死党与你究竟有多少距离？

在学校中，死党是与我们关系比较密切的人。一对好朋友不仅可以在生活中相互帮助，在学习上也可以相互提高。其实，从你们相触的过程中，我们也可以发现，你们为什么能够成为好朋友。假设，你的死党马上就要生日了，你会送他什么生日礼物？

A．杯子

B．书籍或者是音像制品

C．工艺品

D．食品

 心理分析：

A．你是一个很看重生活的人，平时也很细心，很会照料他人，而你的死党也一般都是那种比较喜欢体贴、照顾别人的人。

B．你是一个喜欢学习的人，而你的死党应该也是一个喜欢在知识海洋中遨游的人，你们的共同点是在一起会有比较契合的话题聊。

C．你心思细腻，比较喜欢交有点神秘感的朋友，相互之间要保留一点相对独立的私人空间，那些喜欢黏人的朋友你就不太会喜欢。

D.你们在一起最重要的就是开心，只要两个人兴趣相投，有很多共同点就可以了。

　　人的性情不同，每个人的择友标准也不一样。那些能够成为我们死党的人，也一定是最了解我们，最能够帮助到我们的人。

　　通过这个测试，我们可以了解到自己和死党之间最主要的默契在哪里，这样一来，当有矛盾发生时，我们很快就能够找到问题所在，并且顺利地解决它们。

202 透过远行测防御心

　　在纷繁复杂的人际关系中，我们可能会接触到各种各样的人，社会经验尚不足的我们，是否在陌生人面前心理设防？会不会轻易地相信陌生人？赶快来测试一下吧。

　　你在一次远足中又渴又累，突然你看到了一个开着门的小屋，里面并没有人，桌子上放了一杯非常清澈的水，这时候你会：

　　A.什么也不想，一口气喝下去

　　B.先考虑一下，小口喝

　　C.不考虑，也不会喝

　　D.非常想喝，但是因为害怕而不敢喝

　　心理分析：

　　A.你在陌生人面前表现的非常天真，总是会盲目地相信别人，是一个粗线条的人，这是你的致命伤，你应该要学会保护自己。

　　B.你的自主能力非常强，凡事都会有自己的理解和看法，也不会受到大众舆论的影响。你谨慎的态度，为你赢得了非常不错的人际关系。

　　C.你是一个非常没有安全感的人，对自己身边的人都不信任。其实，你应该试着打开心怀，学着去接受那些待你真诚的人。

　　D.你不够自信，不太相信自己的判断力，所以你最需要做的就是相信自己，建立起一个属于自己的人脉网。

情 商 提 点

　　一个人具有防御心理，通常是因为他的安全感不足。对于青少年来说，没有防御心理容易被他人利用，而防御心理过强又会形成社交障碍。所以，要把握好防御度。

　　首先，这需要青少年养成一种识人能力，知道什么人值得相信，而什么人应该远离。其次，就是要相信自己的判断力和处世能力，不要总对自己产生怀疑，以免自己的防御心理过强。

203 好的人缘是否属于你？

　　在我们的周围，经常可以看到有的同学身边总是围着一大群人，而有的同学却一个朋友也没有。为什么，有的人人缘这么差？想要找出其中的答案，我们不妨借助生活中的细节，给自己一个方向。

　　你最喜欢你右手的哪一根手指头？

　　A.食指

　　B.小指

　　C.大拇指

　　D.中指

　　E.无名指

心理分析：

　　A.你是一个非常看重友情的人，只不过有时候你有点过于敏感，朋友随便说一句话，都有可能会让你误会，你应该学着大方点。

　　B.你的交际能力非常强，很容易和陌生人建立良好的沟通。只是随着彼此的熟悉，你也可能会分辨不清他到底是不是你要交的朋友。

　　C.你的朋友不太多，其实这跟你的个性有很大的关系。你平时并不热衷于交很多朋友，而且你喜欢独自行动，所以围在你身边的人自然而然也就比较少了。

D. 你身边的人还是比较喜欢你的，只不过有时候你说话太直，这也许会让身边的人感到反感。可是偏偏你又不注意这些，不会主动沟通道歉，这让你得罪了不少人。

E. 你是一个不懂得谦虚的人，常常喜欢以领导自居，什么事都想要自己做主，这让你身边的人非常反感。

情 商 提 点

　　人缘好不好，对于青少年来说是非常重要的，这决定着我们能否在学习和生活中得到他人的帮助，能不能在朋友的陪伴下健康成长。

　　这就需要我们进行反思，看看自己交不到朋友的原因是什么，然后及时作出调整。再者，交朋友要看态度，因而我们不要太过骄傲自满，更不能太过特立独行，要学会主动出击，进而以友好的态度与他人相处。

204 看蚂蚁，测能力

　　小时候，我们都有过观察蚂蚁的经历。我们不仅可以从蚂蚁身上学到团结的精神，也可以测试一下自己的交际能力。

　　当你看到一大群蚂蚁出现在地面上时，你觉得它们在干什么？

　　A. 正要去对付他们的敌人

　　B. 正要前往救助掉落在洞穴中的伙伴

　　C. 发现好吃的食物，正要去搬运

　　D. 正在搬家

心理分析：

　　A. 你的社交能力非常强，面对陌生人你也能够灵活应对，因此朋友很多。只是你对待朋友似乎有种无法展现出真心的倾向，这就导致即使是看上去和你非常亲密的朋友，不知不觉中也会慢慢疏远。

　　B. 你的交际能力非常差，心中虽然想要更多的朋友，可是一旦与陌生人见面，你就会在不知不觉中变得紧张起来。要想让自己的人际关系得到改善，你就必须要学着改变自己。

C.你的社交能力很不错。虽然大多数朋友不会在刚开始时接受你，可是时间长了，他们就会发现你是一个可以为朋友两肋插刀的人。

D.不是你的社交能力差，而是你主观意识太强了。你喜欢依靠第一印象来评价一个人，当别人没有给你留下好印象时，你就不会再理会了，这也让你错失了很多交朋友的机会。

对于那些主观意识比较强的人来说，他们在人际交往中就会特别强调自己的领导地位，而这种态度很容易会让交际对象觉得你高高在上，自然也就不会对你有什么好感了。

205 面对朋友的要求，你能拒绝吗？

拒绝别人其实也是一种艺术，面对不同的人，我们应该采取不同的方式，这样才能够既拒绝了别人，又不会影响到自己的人际关系。那么，你会合理地拒绝别人吗？让我们从另外一个角度，进行一个别样的测试吧。

你最不乐意你的朋友向你借什么？

A.借脚踏车

B.借钱

C.借住你家

心理分析：

A.你在拒绝别人时，通常会摆出一张臭脸，这种人的自我意识很强，比较自私，要想让自己的人际关系得到改观，就必须要改变一下自己的自私。

B.你通常把面子看得很重，对你来说，当你拒绝别人时，很注意维护别人的自尊，因此，你的人缘很好。

C.对于你来说，只要是你能够做到的事情，你就不会轻易地拒绝别人。所以你总是在尝试通过自己的努力来帮助别人，可是有时候你也要学会量力而行。

情 商 提 点

　　在生活中，我们难免会有要拒绝别人的时候，一个合理的拒绝，不仅不会让对方生气，反而能够增加对方对自己的好感。由此可见，掌握好拒绝的技巧是多么重要。

　　要想运用比较合适的方式拒绝对方，我们首先要站在对方的立场上考虑问题，注意维护对方的自尊，然后你在拒绝时才不会让对方觉得自己失了面子，也不会影响到自己的人际关系了。

206 朋友的哪个部分最让你看重？

　　你选择朋友的主要依据是什么？你最看重朋友身上的哪一点？这一切都会在生活的细节中展现出来。例如，你和朋友一起去海洋公园玩，你最想看到的动物是什么？

　　A. 稀有鱼类

　　B. 海龟

　　C. 海豚

心理分析：

　　A. 你是一个非常理智的人，对任何事情都会坚持从实际出发。在和朋友接触的过程中，你最在乎的是精神上的契合，那些能够给你带来精神上愉悦的人，才是你需要的。

　　B. 你是一个非常看重朋友的人，只要是真诚的好朋友，不管对你做什么，你都会觉得感动。当你在帮助朋友时，你也会非常快乐。

　　C. 你是一个非常重感情的人，在你最困难时，他们只要对你说一句"有什么需要你尽管说，我一定帮到底"就能让你感动得泣不成声。当然，在你收获感动之后，也会对朋友付出真心。

有的人最希望朋友能够为自己两肋插刀，有的人最希望在自己遇到困难时能够得到朋友的帮助。要想获得这些，我们首先要和朋友有一个良好的沟通，在相互的了解中，我们才能够真正知道朋友心中的所想，也会让朋友更加了解你。

207 别做一个不及格的交际者

人际交往只靠沟通是行不通的，有时候即使你是说得天花乱坠，也赢得不了别人的好感。很多时候，我们也需要一些技巧来助一臂之力。那么，你的交际能力合格吗？

例如，当你遇到一个想和他交朋友的同学时，你会怎么做？

A.找机会和他好好沟通一下

B.买份礼物送给他

C.顺其自然地认识

心理分析：

A.你从来不做没有准备的事情，在人际交往上也是如此。虽然只是一个简单的认识，你也要提前准备，考虑到各种可能发生的情况。

B.你有一颗非常真诚的心，不管做什么事情，你都会以诚相待，在人际交往上更是如此。可是有时候，这个办法未必奏效。

C.你是一个比较洒脱率直的人，可是有时候难免会太过于自我，所以你很难听得进别人的意见，这对你的人际交往非常不利，你也很难交到很多朋友。

当我们的人际关系出现问题时，很多时候需要通过沟通来解决，这是最简单也是最有效的方式。在进行有效的沟通之前，我们首先需要端正自己的态度，真诚待人，用一颗宽容的人去包容别人的错误。其次，我们还要学会真正站在对方的立场去想问题，只有这样，才能够从根本上解决问题。

你的好朋友究竟在哪里？

当今的这个社会，没有朋友可以说寸步难行。可是在选择朋友时，并不是说要交多少朋友，而是要找到适合自己的朋友，这样才能够相互帮助，相互进步。

在下面的4种人中，你会选择谁做朋友？

A.双手交叉胸前，脚也是交叉着

B.一手横在胸前，一手直摸着鼻子

C.眼睛直视着你，头抬高的人

D.双手放在背后，身体正向面对你

心理分析：

A.你非常喜欢帮助别人，所以比较适合和那些比较忠厚老实的人做朋友。

B.你在交朋友时选择性不强，总是盲目下定论，甚至连朋友在想不利于你的计谋时你都不知道。与此同时，做出这种动作的人一般都比较聪明，他们考虑问题比较全面，可以为你出谋划策。

C.你是一个需要安全感的人，因此你需要一个能够关心你的朋友。而那些人际关系比较好的人往往能够吸引你的注意力，他们能够让你有安全感，给你一个坚实的依靠。

D.你在选择朋友时非常看重情感的交流，希望朋友能够非常真诚地面对你。而他的这个动作，说明其内心是非常坦荡的，他期待有人能够走进他的内心。

情 商 提 点

事实上，有很多青少年并不知道周围的人谁才最适合做自己的朋友，因此，在交友时会显得盲目，有时候根本就不考虑任何条件甚至不加选择地接受别人。这样的交友方式是不对的。要想交到志同道合的朋友，我们必须在交友时考虑对方的性格、兴趣爱好等条件。同时，对那些行为品德有问题的人的示好，要果断地拒绝。只有这样，我们才能交到最适合自己的朋友，掐断损友的不利影响。

209 你是否是一个容易被影响的孩子？

好的朋友可以帮助我们进步，一个不适合的朋友则可能带坏你。因此，在选择朋友时，我们一定要非常慎重。那么，你是一个容易被朋友带坏的人吗？你足够自律吗？让我们从看似无关紧要的细微之处入手，观察你的沟通方式吧。

你一般都是怎么吃苹果的？

A.做成苹果汁或苹果泥

B.做苹果沙拉

C.洗洗就吃了

心理分析：

A.你有很重的好奇心，所以你是非常容易被朋友带坏的。你有点缺乏主见，很容易受别人的影响，是一个随大流的人。

B.你是一个非常看重友情的人，也很容易被朋友带坏。在情感的作用下，你难免会失去自制力，缺乏准确的判断。

C.你是一个非常有自制力的人，只可能会影响到身边的朋友，很少被朋友所影响。

情 商 提 点

当朋友错误的引导自己时，我们不仅要通过自己的自制力来防止被对方带坏，而且还要帮助对方从错误的道路上走回来。

210 你的人际关系是个什么"结"？

要想改善我们的人际关系，或者是让人际关系更上一层楼，我们首先要对自己的人际关系有一个比较客观的认识。那么，你对自己的交际现状了解吗？现在，让我们

通过假设的场景，利用细节来挖掘内心思维。

假设，有一天就在你准备出门时，父母突然让你帮忙解开一个结，你觉得会是一个什么样的结？

A.缠绕很多次的死结

B.很好弄开的一个结

C.固定的死结

心理分析：

A.可以看出，你的人际关系比较狭窄，当你准备过分依赖一个朋友时，可能会给别人造成负担。而且如果这个朋友离你而去时，你就开始缺乏安全感。

B.你当前的人际关系是比较复杂，有时候你的人际关系是非常不错的，可是有时候你很难控制自己的情绪，导致友谊之间出现裂痕。

C.你是一个性格比较率直的人，说话直来直去。对待朋友的态度你也是力求简单，认为只要有一两个真心的朋友就可以了。

情 商 提 点

有的人不喜社交，所以他们的人际关系非常狭窄。也许在短时间内，他们看不到不良的社交关系对自己的影响，当他们想要弥补的时候，却发现为时已晚。

通过这个测试，如果你发现自己的人际关系不太好时，就需要赶紧想办法来进行解决了，以免累积的问题太多，最后让自己焦头烂额。

(211) 哪些事情是你无法忍受的？

无论多好的朋友，彼此之间都有一定的忌讳。那么在你的心目中，朋友之间交往你最忌讳的是什么？假设一下，当最好的朋友背叛你时，你会怎么做？

A.毕竟曾经是最好的朋友，还是会给他机会

B.相信朋友会认识到自己的错误

C.十分理解他为什么会这么做

心理分析：

A.你最看重的是朋友之间的诚信。对于一个值得交往的朋友来说，是需要一辈子长久经营的。如果两个人不能互相信赖，你们的友谊也就很难长久了。

B.你认为朋友应该是和你同甘共苦的人，这也是你选择朋友的要求之一，尤其在自己危难或需要帮忙的时候，你需要朋友能够及时给予你帮助。

C.你找朋友的标准是彼此需要，同时又渴望相对比较独立的空间。无论是亲近的家人还是亲密的好朋友，都必须有独立生活的能力。越是喜欢黏着你的那种人，你越是不喜欢和他们交朋友。

> **情 商 提 点**
>
> 一个好的朋友不仅可以和自己分享成功的喜悦，更要敢于和自己分担苦痛。这样的朋友，才是我们每个人所真正需要的朋友。

212 你给自己的人际关系打几分？

相信每个人都会在心中给自己的社交能力打上一定的分数。这个分数代表了你对自己社交能力的看法。那么，你对你现在的人际关系现状是怎么看的？

A.我觉我现在并不需要多么好的人际关系

B.建立好的人际关系困难重重

C.人际关系帮了我很多

D.人际关系并没有帮助到我

心理分析：

A.你是一个很有能力的人，但你太"独"。现代社会讲究团队配合，所以，适时地分享你的经验，或是帮助其他人，你自己也会得到意想不到的收获。

B.你是一个性格内向的人，平时不太擅长于交际。要想建立起好的人际关系，平时不妨多参加一些集体活动，多与人接触，久而久之，就学会如何和人打交道了。

C. 你是一个非常自私的人，交朋友也是为了能够从别人那里获取一些利益。所以说，和你交往的人也许会在短时间内对你有好感，时间长了，就会渐渐远离你了。

D. 你用错误的观念去经营人脉，导致自己缺少朋友。你应该重新检视自己对于人脉的理解，然后以一种正确的态度重新出发吧！

情 商 提 点

发现问题不是关键，重要的是在了解出现了什么问题之后能够及时去解决问题。对自己的人际关系现状有一个清醒的认识之后，我们可以针对自己的缺陷采取一些针对性的措施，这样，我们的人际关系才会更加和谐。

213 谁可以给你带来幸福？

生活中总有一些人是你的贵人，他们可以给你带来运气，给你带来幸福。遇到这样的人，我们一定要好好把握，不能让他从身边溜走。那么，谁是你的幸福贵人呢？

（1）你会因为什么突然决定去远方旅行？

很久没有旅行了——到第二题

感情或工作上遇到麻烦——到第三题

（2）你想去的地方属于？

热带地区——到第四题

寒带地区——到第五题

（3）你到目的地后做的第一件事是？

到处逛一逛、看一看——到第六题

先到住宿的地方小憩一会儿——到第五题

（4）在这个陌生的旅行地迷路后，你会怎么做？

拿出地图仔细研究——到第七题

不断地询问路人——到第八题

（5）终于找到了你想要去的地放，请问那是什么地方？

一家全球闻名的美食餐厅——到第八题

一处颇具历史意义的古迹——到第七题

(6) 玩了一整天，晚上8点你回到旅馆，梳洗一番之后，你端着一杯饮料，静静地坐在阳台上看夜景，请问这时候你心里想起了谁？

家人或同性朋友——到第五题

情人或异性朋友——到第八题

(7) 休息一晚起来，你想要去拜访一位朋友，可是按照之前自己记的地址过去时，发现对方早已不在这里了。你会觉得发生了什么事？

对方已搬家——到第九题

自己抄错地址——到第十题

(8) 经过一番寻觅，终于联系上老朋友，那么，你们会在哪里见面呢？

咖啡厅——到第十题

对方的家——到第十一题

(9) 告别朋友，你走向下一个目的地，没走多远，发现前面围着一群人，你想他们会在干什么？

欣赏街头艺人的表演——到第十二题

围观一位发生意外的伤者——到第十题

(10) 当你游览完今天的景点后，正要回旅馆，结果突然肚子疼起来，这时你会：

向身边的陌生人求助——到第十二题

一个人硬撑着直到回到住所——到第十三题

(11) 当你身体舒服点后，你心里却闪过一阵孤独感，这时你如何排遣自己的情绪？

大哭一场——到第十三题

默默将心情记录在日记本里——到第十题

(12) 当你走累了，在公园的长椅上休息时，突然有位高大帅气的男士跟你说了一句话，你觉着他会跟你说什么？

"你好漂亮！"——到第十四题

"你的东西掉了！"——到第十五题

(13) 吃了几天的面包，这天你准备吃点好的，请问你会去吃什么？

顶级牛排——到第十五题

海鲜大餐——到第十六题

(14) 饱餐一顿后，你想步行走回旅馆，请问你走了多长时间？

不到一个小时——到第十七题

一个小时以上——到第十八题

(15) 回到旅馆，发生一件让你惊喜万分的事，请问是什么事？

情人给你发来传真问候——到第十八题

有爱慕者送花给你——到第十九题

（16）你已经自助旅行半个多月了，这时候你会有什么样的心情？

后悔没跟旅行团——到第十九题

虽然很累，但很愉快——到第二十题

（17）返程路上，你到一个小城镇玩，因为玩得太尽兴错过了最后一班火车，这时你该怎么办呢？

找一家当地旅馆投宿——A型

想尽办法回到原来住宿的地方——B型

（18）当你路过一家跳蚤市场，买到一件非常喜欢的小物品，请问那是什么？

戴在身上的饰品——B型

摆在家里的家饰——C型

（19）这趟旅行中，给你留下最深刻印象的是什么？

旅行地的风土民情——D型

旅行地的自然景观——C型

（20）这趟旅行终于结束了，你现在的感觉是什么？

乐不思蜀——D型

好想家啊！——E型

心理分析：

A型：你是个随和的人，不会轻易动怒，有轻松、乐观的人生哲学。你的幸福贵人将是你未来的婚姻伴侣或你的晚辈。

B型：你的想法有些离经叛道，你有自己独特的生活方式和让自己快乐的办法，对那些没创意的人你总是不屑一顾。你的幸福贵人将是你未来的同事和你的长辈。

C型：你喜欢在做好一切准备以后再去干一件事。虽然你不太喜欢交际，但身边好友还不少。你的幸福贵人是兄弟姐妹和同学。

D型：你往往容易成为一群人中的焦点。虽然偶尔也有缺乏自信的时候，但只要被别人夸奖两句，会很快找回信心。你的幸福贵人是你身边的好友和你未来的上司。

E型：表面看你是个缺乏主见的人，但事实则不然。有时你甚至表现得非常倔强。你的幸福贵人是你的父母和未来的情人。

情 商 提 点

　　每个人都会遇到自己的幸福贵人，但因为年少不懂事，常常会在无意中伤害自己的幸福贵人，以至于常常错过能够给自己带来幸福的人。

214 你的社交缺点就隐藏在学校里

生活环境的影响，各人性格的不同，这就决定了我们和其他人处事风格上的一些差异。或许你就存在一些让人无法忍受的差异，而这些你又恰恰没有看到。所以，现在我们必须通过学校，找出你的社交缺点。

当你在学校有逆反心理时，你觉得老师身上最不能让你忍受的是什么？

A．老师非常善变，给学生的精神上造成了很大的压力

B．太过专制

C．只喜欢好学生

D．对学生使用暴力

心理分析：

A．你是一个非常善变的人，一旦遇到什么不如意的事情就会歇斯底里。这样的你会让身边的人觉得和你相处非常累。

B．你有着很杰出的领导才能，但是太过自我。其实你需要有多吸取周围人意见的谦虚态度，否则身边的人都不会听从你的建议的。

C．你一直有一种恐惧心理，只愿意与某些特定的人建立更好的关系，如果是你不喜欢的人，那么你一定不会和他交往。其实你应该扩大自己的交际面，这样你才能从更多人那里获取帮助。

D．你有点暴力倾向。与人交往的过程中，你很容易脾气暴躁而冲动起来。建议你一定要注意控制自己的情绪，这样才能避免和他人不断地发生口角争执。

情 商 提 点

每个人都会有自己在人际交往方面的缺点，通过这个测试，我们可以清楚地了解自己最主要的缺点是什么。

我们都知道沟通最重要的就是真诚，而一个善变的人，是很容易让别人觉得你缺乏诚意的。如果自己有这方面的缺点，我们一定要多加注意。同时，如果你在交流的时候总想让别人来听你的，也很容易让他人产生反感情绪，这时候你就要学着去当配角。

215 你算是交际达人吗？

美国心理学家曾对著名的贝尔实验室做了交际能力重要性的测试，结果证明因为交际能力上的差别，那些高智商的工程师和科学家有的仍然精力旺盛，而有的却失去了以前的光彩。由此可见，交际能力在我们的生活中多么重要。那么，你是一个交际达人吗？

（1）本来和同学约好了星期天去玩，可是你又有了其他的事情，这时候你会：

A.决定自己不再去了，希望朋友能够理解自己

B.决定还是去陪朋友

C.去，不过会早点回来

（2）同学们想让在班会上表演一个节目，你会：

A.借故委婉拒绝

B.高高兴兴地答应去

C.明确拒绝

（3）你觉得选择朋友最重要的标准是什么？

A.能使人快乐轻松

B.诚实可靠，可以信赖

C.对自己很欣赏，而且很关心我

（4）来到一个陌生的环境，对那些特定的数字和字母，你会：

A.很快记住

B.想记住，可是往往不尽如人意

C.不在意这些东西

（5）你一般会选择什么样的人做朋友？

A.有钱有势的人

B.诚实而且善良的人

C.社会地位和自己相差不多的人

（6）你和朋友的交往能保持多久？

A.很长时间

B.有长有短，志趣相投者通常长久

C.弃旧交新是经常的事

(7) 和朋友们相处，你经常的情形是？

A.赞扬他们的优点

B.希望以诚为原则，有错就指出来

C.不吹不捧，也不故意发难

(8) 有人批评你的时候你会：

A.非常勉强地接受

B.断然否定

C.高兴地接受

(9) 你在出门旅行的过程中会：

A.常常很容易交到朋友

B.喜欢一个人消磨时间

C.内心十分希望结交朋友，但不是很成功，可是会继续实践

(10) 你在和朋友交往时经常会表现出什么状态？

A.自己走到哪儿，就把快乐带到那

B.我使人沉思，能给人带去智慧

C.我们彼此都感到非常自由

记分方法

选项得分 题号	(1)	(2)	(3)	(4)	(5)	(6)	(7)	(8)	(9)	(10)
A项得分	5	3	3	1	5	1	1	3	1	1
B项得分	3	1	1	3	1	3	5	5	5	5
C项得分	1	5	5	5	3	5	3	3	3	3

心理分析：

总得分在58—75分之间：

你的交际能力非常差，没有足够的人生经验，常常独行于众人之外，好像对所有的人都不屑一顾。如此的你很难取得成功，所以应该把自己放在和谐的集体之中。

总得分在30—57分之间：

你的交际能力还可以，有不少的朋友。但可能是由于各种原因，真正和你交心的知己不多，你应该多从自身找原因，这样问题才能得到改观。

总得分在15—29分之间：

你的交际能力非常强，人生经验丰富，遇事处理得当，什么样的事情都能够灵活应对，是个八面玲珑的人。

　　交际能力的好坏是综合素质评估的重要部分，对于那些比较擅长交际的人来说，他们的人缘一般都比较好，做事情很容易取得成功；对于那些不擅长交往的人来说，不但身边的朋友会很少，而且在遇到困境时，也很少会得到别人的帮助。

　　因此，了解自己当下的交际能力，其实是为了让自己能够拥有更好的人际关系。

216 你在择友时的表现

一栋刚刚建好的别墅，让你来给它设计一个栅栏，你的想法是什么？
A.用砖围起来
B.选择木栅栏
C.用各种花花草草来代替栅栏
D.选择铁栅栏

 心理分析：

A.你的性情比较孤傲，常常会孤芳自赏，不喜欢主动结交朋友。你很注重私人空间，不喜欢别人来打搅自己。

B.你是一个爱憎分明的人，很容易走向两个极端。对于你愿意交往的人，你会热情如火，但是对于你不太喜欢的人，你就会表现得非常冷淡。

C.你相对保守一点，虽然结交的朋友不多，但总也有几个知心好友，这已足够。

D.你的性格开朗活泼，有非常好的人缘，拥有很多好朋友，在在各种场合你的交际能力都非常的强。

对于青少年来说，我们既不该拒人于千里之外，也不能够对待所有的人都没有一点防备之心，这就是说要把握好一个度的问题。

217 你是不是总会感到孤独？

和别人沟通的过程中，一个孤僻的性格是非常不利于有效沟通的。要想让我们的人际交往的能力更上一层楼，一定要赶紧克服你的孤僻倾向。

假设一下，你正在外太空旅行，忽然被吸进了一个看不见的黑洞中，这让你和外界失去了联系。你觉得黑洞里面的空间有多大？

A. 里面的空间非常狭窄

B. 只有让自己身体能够转动的空间

C. 恰好能够让自己左右活动

D. 里面的空间非常广阔

心理分析：

A. 你对人没有什么戒备心，而且很容易相信别人，并且很快就会和他们打成一片，这其实只会增加你受骗的可能性。建议你提高警惕，最好能和他人保持一定的距离。

B. 你是一个性格开朗、十分正直的人。在人际交往中，如果你对对方有什么意见或建议的话，你都会直截了当地说出来，但这样有时候难免会伤害到别人。

C. 你对待所有事情都小心翼翼，即使在家人或者朋友面前，也不会轻易地向别人袒露自己的真心。所以，别人总是觉得你很神秘，猜不出你的真实想法，这说明你其实是有一点孤僻倾向的。

D. 你的戒备心非常重。你一直生活在自己的世界里面，自我意识非常强烈，这其实就是你孤僻倾向的表现。要想让自己真正的快乐起来，你应该主动起来，走出只有的自己的世界，这样你才能够变得更加快乐。

情 商 提 点

　　一个孤僻的人，一般情况下是不愿意和别人沟通的。如果你是一个性格比较孤僻的青少年，不妨试着从自己的世界慢慢走出来，多参加一些集体活动，你会发现世界上还是会有很多美好的东西的。如果是和一个性格比较孤僻的人交流，我们则需要从心灵上来关心他们，让他们感受到这种来自精神上的爱。

218 学学握手的交际技巧

第一次与人见面，握手是少不了的一个重要环节。你平常都是怎样和别人握手的？
A. 一只手紧紧握住对方的手
B. 用两只手握住对方
C. 只握手尖部分
D. 不停地上下摇动用力

心理分析：

　　A. 你有很强的自我表现的欲望，对自己的一切都充满自信，总认为自己才是最优秀的那个，其实这是你内心强烈的主观意识的作用，有时候难免会给别人留下一种专制的印象，你应该学着改变一下。

　　B. 你为人热情，说话坦率真诚。因此，当朋友出现错误时，你也常常会当面指出，这也是你为人处世的基本原则。可是有时候过于直白的语言很容易伤害到别人，而且还会打消别人的积极性；建议你找一个委婉、含蓄的说话方式。

　　C. 选择这种握手方式的人一般都比较高傲，喜欢把自己放在一个领导的位置，不自觉地会使用这种握手方式。要想让自己的人际关系得到改观，还是让自己变得更有亲和力一点吧。

　　D. 你的心事很重，对一些需要表明立场的事情，你有时会感到非常为难。比如说如果朋友犯了错误，你碍于面子就不会讲出来，可内心又会为不能提醒朋友而感到痛苦。你应该多锻炼一下自己的勇气，让自己变得果断起来。

情 商 提 点

　　千万别小看一个握手的动作，在沟通的过程中，它可以帮助我们洞察出一个人在交流时的一些心理特点。通过和不同的人握手，我们可以采取不同的方式来和不同的人交流，这会让我们获得比较有效的人际交往沟通。

219 "谎言家"是你吗？

　　对于一个说谎高手来说，说谎时面不改色心不跳，而一个不善于说谎的人，则是一说谎话就会被别人看穿。那么，你是不是一个善于说谎的人？赶快来测试一下吧。

　　生日时朋友花了50元给你买了礼物，到他生日时，你会：

A.同样用50元买东西

B.买80元的东西

C.50至100之间

D.100元以上

心理分析：

　　A.对于你来说，除非是有时候需要说一些善意的谎言，否则你一句谎话都不会说的。可以说，你是一个非常善良正直的人。

　　B.你这个人的个性非常洒脱，平时不注重一些细节，有时会随口说一些谎言，但是又会在不经意间自己戳穿。要想让自己的人际关系好起来，一定要学会管好自己的嘴！

　　C.大多数时候你是不会说谎的，可是一旦真说出来。就会表现得面不改色心不跳。

　　D.你是非常善于说谎，不仅会在一些小事上撒谎，而且在一些大事情上你也很容易说出一些谎话。要想自己的人缘好起来，你就必须要改变自己说谎的坏毛病。

情 商 提 点

　　现代社会是非常注重诚信的。人与人的沟通，我们更需要建立在诚信的基础之上。有很多人说谎话时也许并不是故意要这样说的，而是没有经过思考，在不经意间就说出了这样的话。可是，就是他眼中这样的小细节，对自己的人际关系也会产生很大的影响，因此，当发现自身有这样的毛病后，一定要及时改正。

220 遵守秘密你能否做到？

　　有些人天生就喜欢传播信息，他们拥有着强烈的好奇心，不但喜欢去获取别人的秘密，而且还喜欢传播别人的秘密。在人际交往中，这是一种非常不好的习惯。那么，你是不是一个能够守住秘密的人呢？让我们通过潜意识里的幻想，发掘自己最真实的一面吧。

　　如果现在有一艘用线勾画的帆船，需要你在上面画几条直线，让人无法注意到这是一艘帆船。你会选择画多少条线呢？

　　A.3条线以下

　　B.4—8条线

　　C.9—13条线

　　D.14条线以上

心理分析：

　　A.3条线以下。

　　你很难保守秘密，即使信誓旦旦地向别人承诺"我绝不会告诉别人"，也很有可能在不经意间就告诉了别人。而且越是重要的秘密，你越是喜欢分享。

　　B.4—8条线。

　　当听到了一个比较有趣的秘密时，你会忍不住告诉别人。对所谓的重大秘密能够保密。可是如果这个秘密是能够给别人带来欢乐的，你就会想告诉别人。

C.9—13条线。

你是一个能守住秘密的人,也觉得保守秘密是自己的职责。可是有时候难免会说漏嘴,如果是有人来诱导你,你也会毫不犹豫地说出来。

D.14条线以上。

你的口风相当紧。一旦别人交代你不让说的时候,你就能严格地守着这条秘密,即使会因此而伤害到身边人的感情。

　　和自己比较亲近的人交往时,我们难免会说出一些彼此的秘密。一个拥有良好人际关系的人,也应该是一个能够为别人保守秘密的人。一旦你答应为别人保守秘密,就一定要说到做到。只有这样,别人才会信任你,才会愿意和你继续交流下去。

㉑ 太阳会在哪里出现?

在画画的过程中,可以洞悉出一个人的社交潜能。如果现在让你画出你心中的太阳,你会把太阳画在纸上的哪一个方向?

A.纸的西方

B.先再画一座山,把太阳画在山峦中

C.纸的正中

D.纸的东方

A.你做事情非常认真,是一个标准的实干家。你总能观察入微、善解他人心意,正因为如此,你常赢得别人对你的信任,而且不论你遇到什么挫折,你总是毫不气馁,越挫越勇。

B.你是一个性情温和的人,内心缺乏安全感,但因为个性善良,你的人际关系非常不错。而朋友在你需要帮助时,也总是会挺身而出。

C.你的社交能力非常差，主要是因为你的自我意识太强，从来不肯委曲求全，总是坚持自己对事情的见解和判断，难免会让人觉得你不近人情。

D.你身上有坚韧不拔的毅力，一旦树立了目标，就会一个劲儿地埋头猛冲。可是你往往缺乏比较细致的思考，也很容易因为冲动而走错道路。

　　有很多同学会觉得自己社交能力非常差，不懂得如何和老师还有同学相处，其实这只是因为你还没有学会相处的技巧罢了。更深一层说，你这种比较谦虚、小心谨慎的特点也是进行有效沟通的重要条件，只不过你还没有学会利用这个优点而已。

222　面对损友你会怎么做？

　　社会是一个纷繁复杂的大集体，我们会遇到形形色色的人。要想让自己在社会中能够如鱼得水，我们就需要一个敏锐的判断力，能够精准地判断每个人的不同类型，然后再用不同的方式待之。

　　如果你遇到一个两面三刀的人，你会：

A.表面上对着笑脸，其实内心已经防备起来

B.对对方以诚相待，相信自己能够感动对方

C.明确拒绝对方

D.不冷不热地对待对方

　　A.你颇有心机，是一个比较有谋略的人。其实，你不仅对这个人如此，也许你对别的人也是这种处理态度，所以你需要适当改变一下方式，以防给别人留下不好的印象。

　　B.你平时没有什么戒备心，相信只要自己真诚待人，别人也会真诚待你。只是你一定要有充分的心理准备，以免被坏人陷害。

C.你的性格比较直率，最受不了人家的冷嘲热讽和迂回战术。因此，一旦你遇到喜欢用计谋的人，你很容易在冲动之下而去揭开对方的面具。你这种性格通常也很容易被他人所利用，需要在这方面注意。

D.你的人际交往能力不太强，通常不会主动去解决问题。你唯一的利器就是沉得住气。因为你不想让自己的人际关系太过复杂，于是你也错过了很多扩充自己人脉圈的时机。

就算拥有再好判断力，也难免会有看错人的时候。有时候面对那些缺乏真诚的人时，我们没有办法回避，但是，可以选择合适的方式拒绝和这种人进行更深层次的交流。这个过程，其实也是我们人际交往能力提高的过程。

223 你是一个让人感到亲切的人吗？

在平时的人际交往中，你是高高在上，还是走平民路线？有时候你也许会认为自己对待朋友是非常亲切的；可是也许在你朋友眼中，你并不是这样的。那么，在朋友眼中，你究竟是怎样的人？让我们从生活的细节入手，对自己进行一个全面的审视。

你最喜欢下面哪种类型的电影？

A.带有专业知识的

B.爆笑喜剧类

C.都市言情类

D.悬疑推理类

心理分析：

A.你是一个非常不好相处的人，你对他人和自己的要求都很高，会让跟你交往的人感受到比较大的压力。可你的心肠其实非常好，不过欠缺沟通的技巧而已。

B.你是一个很好相处的人，就算是被别人利用了，你也可以很快忘却别人对你的

坏。你的这种心态，导致你非常容易被别人所利用。

C.你在和别人相处时变化非常快，也许前一秒钟还笑脸相迎，到下一秒就换了一副嘴脸，这让身边的人摸不着你的脾气。

D.你是非常注重自我的人，就算和别人相处，也一定要以不能损害到自己的利益为前提的。基于这一点，你的人际关系并不是很好。

　　要想成为一个容易和别人相处的人，除了要有足够的亲和力之外，我们还要掌握好各种人际交往的技巧，谨防被一些人所利用。

 和别人交谈你能轻松应付吗？

　　沟通，人际交往的第一步；而交谈，则是沟通的关键。善于交谈的人，可以左右逢源；不善辞令者，就会变得步履艰难。你觉得自己的交谈能力怎么样，赶快来测试一下。

　　请根据自己的直觉，回答"否"、"偶尔"、"是"。

　　(1) 如果有人问你一些比较复杂的事情，你会觉得没有必要给他说？

　　(2) 你觉得那些太想表现自己的人是有点虚荣的？

　　(3) 你只对自己最信任的朋友才倾吐心事？

　　(4) 如果是一个不太熟悉的人向你诉说自己的不幸，你会觉得很厌烦？

　　(5) 即使是和一大群朋友在一起，你还是会觉得有点失落？

　　(6) 对于自己不感兴趣的事情，你很难专心听下去？

　　(7) 有时候你觉得没有必要告诉别人自己的真实感受，你认为别人根本不会理解？

　　(8) 和人交谈时，你经常会跑题？

　　(9) 你在讲话前需要先理一下思绪？

　　评分标准：

　　选"否"得1分，选"偶尔"得2分，选"是"得3分。

总得分在15—21分之间：

你比较喜欢交朋友，如果你与对方不太熟识，也许起初你会有点拘束，可时间长了你就能够放开了。

总得分在22—27分之间：

只有你自己有需要时，你才会和别人进行交谈，否则你很难主动去和别人交流。

总得分在9—14分之间：

你非常擅长和别人进行交谈，而且很容易和别人谈得非常投机，你会找到两人兴趣的共同点。

情商提点

有很多人不喜欢主动去与别人沟通。其实，一些好的人际交往的机会就是在这时候悄然失去的。要想让自己成为一个沟通小能手，我们就必须主动出击。

首先，对于那些比较害羞的同学来说，他们需要克服那种恐惧的心理，不要害怕去沟通，要珍惜每一次和陌生人沟通的机会。其次，我们需要在语言方面多加锤炼，只要多总结，多尝试，自己的交谈能力很快就能够上去的。

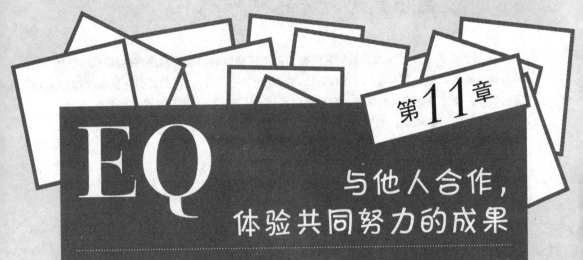

EQ

第11章

与他人合作，
体验共同努力的成果

随着社会的发展，我们越来越需要重视与他人合作去做一件事情。所谓孤掌难鸣，团结的力量是巨大的。对于青少年来说，更应该从小就注意培养团队精神，树立共同努力的意识。通过本章的测试，我们可以学会如何有效地与别人进行合作。

225 没有归属感就无法进行合作

在一个团队中，当你和成员们共同努力而取得成就时，会感到由衷的高兴，而这种喜悦的心情，就是那种团队的归属感所给予我们的。不过，有的青少年就缺少这样的归属感。通过下面的这则测试，我们将会更加确认自己的团队归属感是否充分。

如果你有一条小狗，突然有一个陌生人说要买走它，而且付给你的报酬非常优厚，这时候会怎么做呢？

A．毫不犹豫地卖给他

B．考虑一段时间之后，最后还是答应了卖狗

C．考虑一段时间后，最后选择了拒绝

D．立马就会选择拒绝

心理分析：

A．你现在的归属感是非常低的，在团队中，你并没有全身心地投入，也许你觉得这个团队并不适合你，你在这其中也没有实现自己的价值。

B．你的团队归属感正在慢慢降低，随之而来的是你的热情也正在逐渐减退。不过建议你在做任何事情时都要考虑清楚所有的情况，慎重地作出自己的每一个决定。

C．你对自己所在的团队还是非常认可的，虽然你对现在的现状也有一些小小的意见，但是从整体来看还是满意的。你觉得自己正在逐渐成长，总的来说你是一个比较理智的人。

D．你对自己的团队是非常满意的，你相信在现在这个平台上一定可以实现自己的价值。因此，你也会为此而付出更大的努力。

情 商 提 点

当我们全身心地投入到一个团队当中，当我们全神贯注地去做一件事情时，获得成功以后，那种成就感对我们来说是弥足珍贵的。所以，要想更好更长久地融入到一个团队中，就需要我们找到在团队中的那种归属感，以团队的荣为荣，以团队的耻为耻。只有这样，我们才能够在共同的努力中不断进步，而整个团队也会因为我们的努力而获得发展。

226 价值观——你的团队精神

在正确价值观的引导下，我们才能在正确的轨道上航行。而对于青少年来说，也许对于"团队价值观"这个词还有些陌生，但我们不妨进行其他内容的测试，同样可以判断他的内心是否有团队价值观。

如果需要你用一种东西来换回你亲人的生命，你会选择哪一个？

A.生命

B.至高无上的权利

C.时间

D.金银珠宝

心理分析：

A.你是一个重情重义的人，对自己总是充满自信，可是有时很容易陷入太过自我的境况中。在这个团队中，你很难和别人展开有效的合作，这对你的人际关系非常不利。

B.你是一个非常看重权势的人，对于你来说，只有它们才可以让你实现自己真正的价值。对待这一种错误的价值观，应该及时纠正过来。

C.时间对你来说是最宝贵的东西。其实你这个人有点太过自我，不肯听取别人的意见，有点武断专行，不太会和别人合作，这是非常不好的。

D.你是一个非常看重物质的人，平时在这方面有点自私，更不要说是和团队中的人分享了。其实你应该明白，很多东西都不是用金钱可以买到的。

情 商 提 点

价值观的培养，并不是一件容易的事情，必须经过亲身实践。所以，我们应当多参与集体活动，例如足球队、篮球队、合唱团等等，这些都能让我们在团队中感受自己的位置。只有这样，我们才能建立起团队价值观。

227 《灰姑娘》的故事你还记得吗?

我们都听说过灰姑娘的故事,这个故事不仅告诉我们要做一个善良的人,还可以从中看出每个人在团队中所表现出来的特点。

你对《灰姑娘》的故事印象最深的是哪一段?

A.灰姑娘试穿玻璃鞋,刚好合适

B.灰姑娘乘坐番瓜车前往皇宫

C.舞会中灰姑娘与王子婆娑起舞

D.仙女施法力,让灰姑娘顿时换上漂亮的新衣

心理分析:

A.你是一个非常喜欢分享的人,不过有时可能太过急躁,也许会让人家觉得你是一个有点自作多情的人,建议你凡事要公平、理智、恰到好处,多站在别人的角度考虑问题。

B.在团队伙伴的眼中,你是一个非常开朗随性的人,平时也很热心助人,人缘还不错。而你的个性弱点是容易生气和有权力欲望,可能动不动就会和别人发生冲突,让大家给你留下不好的印象,这方面应该多加注意。

C.你非常在意别人拿什么眼光来看你,所以会刻意表现自己。也可以说你是比较爱表现、爱出风头的,有朋友经常会因为这一点而不想和你在一起,你应该留意自己的行为举止和待人方法。

D.你是一个比较重物质的人,喜欢用一些物质的东西来扩充自己的人缘,在这种情况下,你很难在团队中得到真正的友情。

情商提点

想要获得团队中的良好人际关系,绝对不是随口说说就可以的,一定要付出实际行动。对于青少年来说,不要吝啬自己的帮助,只有敢于奉献,我们才能赢得他人的好感!

228 你有怎样的团队作风？

通过坐公交车的状态，可以反映出你在团队中的作风。你坐公共汽车时喜欢哪种状态？

A. 站着

B. 坐在前车厢中间的窗户旁

C. 坐在车尾部

D. 坐在通道旁

E. 坐在车门旁

F. 坐在司机后面

心理分析：

A. 这种人一般比较喜欢在团队中表现自己，希望自己能够成为人们注意的中心，可是有时，刻意做出来的事情反倒会让自己收获痛苦。

B. 这种人是比较喜欢思考的，生活中，他们不看重名誉地位，更不愿意自己卷入到是非纠纷中去。

C. 这种人性情温和，很少会发脾气，喜欢用自己的眼睛去观察社会和人生，且十分注重自身的安全，但在团队中比较默默无闻。

D. 这种人的自我意识太过强烈，一般都比较自信，很少听得进和自己不一样的意见，在团队中是少数派。

E. 这种人是非常容易冲动的，往往不能投入地参与某件事情，尽管常常会心血来潮干些大事，但总是为自己留着一条冠冕堂皇的退路。

F. 这种人很善言辞，喜欢滔滔不绝地发表一些观点，可是有时会缺乏主见，需要旁人的指点。

情商提点

当我们了解了自己在团队中的作风之后，对于做得比较好的地方，我们可以继续发扬；对于不利于自己融入团队的作风，我们就要及时改正。要明白，团队是最讲究合作的，注重的是共同劳动，而不是一枝独秀。因此，对于那些喜欢表现的人来说，我们需要掩盖自己的锋芒，多顾及一下团队成员的感受。

229 协调者的工作你能胜任吗?

对于一个团队来说，除了有效的合作之外，还需要一个非常明确的分工，既要有能够高瞻远瞩的领导者，也需要有认真谨慎的执行者，更重要的则是那些善于交际的协调者。那么，你是一个很好的协调者吗？

这个问题的答案，就藏匿于生活细节中。例如，你觉得化妆最重要的是什么？

A. 眉毛修饰

B. 打粉底

C. 嘴部化妆

D. 眼部化妆

心理分析:

A. 你是一个非常幽默的人，是团队中的开心果，协调人际关系时，你总能够顺顺利利地进行。要知道，没有人会给一个满脸笑容的人坏脸色的。

B. 你的交际能力非常不错，不过你往往不是通过搞笑的方式，走的是温情路线，用事实来说服别人。

C. 在团体中，你很爱依靠别人，从不主动去做一些事情，除非是在别人的监督下，更别说是协调别人了。

D. 你看上去高高在上，但当团队需要你进行协调时，你还是能够放下架子的。

情 商 提 点

一个好的协调者，往往是一个高情商的人。因为他们不仅可以把不同性格的人协调在一起，还可以帮助不同的人解决不同的问题，这对一个团队来说，是不可或缺的一部分。

230 从闹铃看你的团队表现

拥有一个好的时间观念，我们做事情时才能够更加有效率。同时，从一个人对闹钟的设置，我们就可以看得出来一个人在团队中的表现。那么，你通常都是怎么设置自己的闹铃的？

A. 只要一响，自己就会马上给按了

B. 放在离自己最近的地方

C. 总是放在离自己尽可能远的地方

心理分析：

A. 你的身上有一种独立自主的个性，凡事也表现出一副很自我的潇洒样子，但你非常在意他人的看法。虽然你不一定会按照对方所说的那样做，但是你总会征询别人的意见。

B. 你是一个非常喜欢依赖别人的人，而且你的性格活泼开朗，在团队中有着很强的协调能力。

C. 你是一个不容易亲近的人，很多时候，你这个人有点太过自我，不能很好地协调自己和团队成员的关系。

情商提点

要想让一个团队获得最好的发展，搞好人际关系是我们必须要做的事情。如果你平时总是以自我为中心，凡事总想让别人听你的，整个团队的秩序就会因此而被打乱，更不要说能够达到更长远的目标了。

231 面对矛盾，你该如何面对伙伴？

两个人在一起共事，难免会有意见不合的时候，但只要两人可以心平气和地在一起谈，就一定能够解决问题。那么，当你和伙伴发生矛盾时，你会这么做吗？现在，让我们进行虚拟场景测试，以此得到答案。

假设，当你在语言不通的非洲，有一天你非常口渴，好不容易看见一个卖水的老婆婆，你会怎么做？

A.去找旁人帮忙解释一下

B.画出来

C.自己在那比划

D.忍一下

E.边比边说

心理分析：

A.当你觉得不愉快时，你很有可能会憋在心里，这很可能会伤害到你自己！其实这是一种逃避问题的表现，你的心理抗压能力比较弱，一旦发生事情不管大小都会觉得难以承受，更不要说和伙伴进行良好的沟通。

B.你是一个非常聪明的人，如果谁招惹到了你，一般情况下你不会轻易表露出自己的情绪，会忍耐再忍耐，等到于情于理都到了火候，就会报复对方，让对方知道你也不是好惹的。可是要知道，解决问题，武力并不是一个好办法。

C.你喜欢用冷战来处理问题。有矛盾时，你会表面故作平静，各做各的事，互不理睬，但这并不利于团队的发展。

D.你是一个嘴上不饶人的人，一旦爆发矛盾，你就会冲动地用语言暴力来解决，这让身边的人都觉得很受不了。

E.如果是一般的小矛盾，你可以说服自己冷静下来解决问题，可是如果实在是让你非常生气时，你也没有办法克制自己冷静下来，最终会做出让自己后悔的事情。

情 商 提 点

　　和团队的成员发生矛盾并不可怕，关键是我们既不能回避，也不能够莽撞地解决问题，而是要及时地找到问题的症结，用一种合理的方式去解决这种矛盾。首先，我们要做的是克制自己的情绪，让自己冷静下来；其次，我们要敢于自我反省，看看是不是自己的原因。只有学会用一颗宽容的人包容自己的伙伴，和睦的团队才有可能建立！

232 看清优缺点，才能找到团队位置

　　想要找对团队位置，就必须看清自己的优缺点。而通过对倒霉事的处理方式，我们就能知道自己的优缺点是什么。

　　星期天，你和同学们一起去郊游，如果一定会发生一件倒霉的事情，你觉得会是什么？

　　A.丢了自己的学生证

　　B.丢了自己带的食物

　　C.染上感冒

心理分析：

　　A.你有很强的学习精神，你把自己的学习任务看得非常重。对于你来说，在团队中你会是一个很好的执行者或者是策划者，能够想出有新意的想法。

　　B.你有点自私，但是还没有到非常自私的地步，你应该让自己试着融入到整个团队中，以整个团队的利益为重。

　　C.你是一个性格比较随和的人，和身边的人都能够和谐相处。参加团队活动时，你是一个很好的协调者。

情 商 提 点

　　有很多孩子也许会说自己不适合团队，事实上，只是你还没有全面了解自己而已。要知道，其实每个人身上都有适合在团队中发展的优点。比如说，当老师让你帮忙设计板报的话，你不会画画，也许你写得一手好字；就算你的字也写得很差，你至少可以帮助别的同学做一些准备的工作。所以，不要排斥在团队中的合作，我们需要的只是多发掘自己身上的优点，并在团队中发挥出这种优点而已。

233 你能够带领团队赚大钱吗？

　　你到快餐店吃午餐，点了以下四样事物，一般来说饥肠辘辘的你会最先吃哪一样？

A.汉堡包

B.炸薯条

C.冰淇淋

D.可乐

心理分析：

　　A.你是个相对来说比较保守的人，做事有计划性，守规则，很少冒险。但你太追求平稳，因此缺少一些冒险精神，很难带团队赚大钱。

　　B.你是个思维活跃的人，很聪明，有很多鬼主意，也注重捕捉商机，你具有带团队赚大钱的潜力。

　　C.你是个极富有冒险精神的人，擅长通过一些高风险的投资获取财富，你有带团队一夜暴富的潜质。当然了，同时也存在一夜之间倾家荡产的风险。

　　D.你是个自制力相当强的人，喜欢过安定的生活，你可能会通过自己的努力带领团队开创一番事业，但你不喜欢投机冒险，因此一夜暴富很显然不属于你。

情商提点

测试毕竟只是测试，想要赚大钱，要踏实、勤奋地去干才有可能，使用任何投机倒把获取利益的手段，迟早都会因此付出代价。

 234

看你未来最适合做哪种职业？

下面这四种花，如果让你选一种你最喜欢的养，你会选哪种？
A. 木棉
B. 玫瑰
C. 郁金香
D. 香水百合

心理分析：

A. 你是个直爽的人，不喜欢阴谋诡计那一套，交友处世追求直来直往。你的性格不适合经商从政，做艺术类的工作能更好的发挥你的所长，比如写作、绘画等。

B. 你是个自由浪漫的人，喜欢过无拘无束的生活。你很有想象力，应该成为一个脑力工作者。

C. 你是重感情的人，但做事情有时候会比较马虎。如果能改一改这个坏毛病，那无论干什么你都有发财的希望。

D. 你是一个生活态度严谨的人，有较高的审美能力和创造能力，富有理想，适合从事金融、科研等高难度且有技术含量的工作，未来有美好的"钱途"在等着你。

情商提点

有句话说得好，方向比努力更重要。首先找到一个适合你的方向，再朝着这个方向努力前行，这才是正确的奋斗态度。

235 你适合你的团队吗？

你与团队其实是一个双向选择的过程，任何一方不合适，都不会有好的前景。下面就测试下你是否适合自己所在的团队。

这天，上帝要打造一个稀世神兵，但途中忽然发生一些状况导致失败。你认为是发生了什么状况呢？

A.铁用完了

B.火熄了

C.柴用光了

D.水干了

E.石炉崩了

心理分析：

A.你是团队中非常有实力的一个，可以大胆地在团队中展示你的身手。

B.目前的团队可能不是更适合你，你需要换个新环境试试了。只是刚开始免不了许多辛苦与挫折。

C.目前的境况虽然不佳，但似乎还没有更合适你的，在一切明朗之前，你要谨慎做决定。

D.你的实力早引起了新团队的注意，很可能会被挖角与重用，你的好机会就要来了，要好好把握哦！

E.就算你想离开目前的团队，也要先把现在的问题处理完，然后让自己冷静一下，确定自己能够理性思考了，再作决定。

情 商 提 点

树挪死人挪活，在一个团队里发展不顺，可以去别的团队里试试，但如果在哪个团队都不顺，那就是你自身的问题了，你就需要从自己身上找找原因了。

236 你是团队里的人气王吗？

在团队里有好的人缘，才有好的运气，才能获得更多的帮助。那么，你是团队里的人气王吗？我们可以通过下面这道试题测试一下：

第二天，有一个集体活动，需要你比平常早起一个半小时，你要提前定好闹钟。睡觉前，你会把闹钟放到哪儿呢？

A.就放在耳朵边，以免震不醒自己

B.放在伸伸手才能够到的小凳子上

C.在听力范围内，放得越远越好

心理分析：

A.喜欢把闹钟放在耳朵边上的你，是个人见人爱的人，在团队中的人气指数非常高。但你骨子里是个很依赖别人的人，也正因为这样，才使你拥有了非凡的亲和力。

B.你是个比较平和的人，跟大家的关系不远不近，对喜欢你的人你也会报以热情，对不喜欢你的人你也会报以冷漠。

C.你有很强的领导力，而且你的能力在团体中常常会凸现出来，再加上你喜欢表现自己，因此，有时候反而不会受到团队中其他人的喜欢。在团队中，还是需要多考虑他人的感受，这样才能一起把事情干好。

情商提点

在团队中，跟大家都搞好关系，才能得到其他团队成员的帮助和好评，才能让你在团队中的位置越来越牢固。

237 团队——你能否适应的组织

俗语说，一双筷子容易断，十双筷子抱成团。很多时候，自己很难完成一件事情，只有集齐众人的力量才能解决。那么，你的团队精神怎么样？看看自己的平常生活细节吧，这就会有明显的体现。

当在聚会中你发现有人比自己受欢迎时，你会有什么想法：

A.觉得心里非常难受

B.当一个小角色其实挺好的

C.根本就不会放在心上

心理分析：

A.你的自我意识非常强烈，很有自己的主见，对自己的能力可以说是满怀信心。虽然你的自信让你成功的几率非常大，可是这也可能会让你的人际关系受到损伤。因为你没有办法站在别人的角度上思考问题，总是太过于看重自我，这在团队中是非常不好的。

B.你可以很好地适应团队，但主观上常担心和别人形成一种对立状态，所以你有时会委曲求全。这样一来，你在团队中就会是一个名副其实的小角色了，没有一点主见。不过在某种程度上，这是利于团队发展的。

C.你非常聪明，而且是一个很有度量的人。你的人际关系很好，因为你淡化个人主观意识，避免让别人看上去自己过于专制，这种做法不仅有利于团队合作，也会提升你的公信度。

情 商 提 点

要知道现在的社会，很多时候单靠一个人是没有办法完成很多事的。所以，我们必须要具有团队精神，学着融入一个团队中发挥最大的作用。

其实，家庭是一个小的集体，学校也是一个小的集体。星期天，和父母一起进行家务劳动；在课余时间，和同学们一起进行有趣的科学实验……不要小看这些事情，它们都可以让我们体验到共同努力的乐趣，同学们不妨来试一下。

238 你喜欢利用别人吗？

每个人都很讨厌被别人利用，这不仅会伤害我们的自尊心，如果是我们的好朋友来利用我们，也会给友谊划一道裂痕。那么，你有没有利用过别人呢？你经常这样做吗？你是否有这种心理，其实通过观察生活的细节，就能得出答案。

例如，你比较喜欢用哪种烹饪方法做出来的鸡？

A.清炖煮汤

B.香酥油炸

C.红烧卤味

心理分析：

A.你一点都不会利用人，在你看来，这是一种非常卑劣的手段，凡事最好还是靠自己的能力。

B.有时候你很想利用别人，可又害怕受到良心的谴责。

C.你是一个非常喜欢利用人的人。在你看来，要想在社会中很好地生存下去，就必须要相互利用。

情商提点

合作的初衷，是为了更好地完成一件事情。所以不管是进行什么样的合作，我们一定要端正态度。

我们不妨来试想一下，倘若我们总是抱着利用别人的想法与别人合作，久而久之，还会有哪些同学喜欢和我们做事呢？这样一来，不仅我们达不到最初的目的，我们的人际关系也有可能会随之恶化。因此，我们一定要树立正确的合作观念。

239 你信任他人吗？

一个良好有效的合作，是需要建立在信任的基础之上的。你是不是一个容易信任别人的人？对于你来说，什么样的人才能赢得你的信任？

你可以根据自己的真实想法选择"是"或者"否"。

(1) 你是否会觉得时常有人在你背后说你坏话？

(2) 你觉得做所有事情都要有一个目的？

(3) 你觉得有很多人都做过违法行为？

(4) 你觉得身边说谎话的人非常多？

(5) 你很难去信任一个人？

(6) 有人借你的钱之后，你会担心他们不还？

(7) 你是否会把自己的日记锁起来？

(8) 当你在问路时，你是否会多问几个人确定一下？

(9) 付完账后，你总会认真清点一下找回的零钱吗？

(10) 一时之间找不到钱包，你是否会认为丢了？

评分标准：

选"是"得1分，选"否"得0分。

心理分析：

总得分在7分以上：

你是一个非常容易怀疑别人的人，对所有人你都无法产生信任。再这样下去，你极有可能走向偏执的境地。

总得分在4—6分之间：

你会信任别人，可事实一次又一次地告诉你，这个世界上虚伪和欺骗太多，所以你在信任的同时也免不了会有一点怀疑。

总得分在4分以下：

你非常容易信任别人。在你看来，所有人都是可靠的。当你发觉自己受欺骗时，通常你也会感到很失望，可是过不了多久你就能再次快乐起来。

情 商 提 点

　　信任是合作的基础，在信任的基础上建立起的合作才能够更长久。不可否认，我们固然需要一些戒备心理，但我们不能够盲目地拒绝一切伸向我们的橄榄枝，我们要有自己的判断力，既不轻信也不盲从！

240 合作这件事，你怎么看？

　　对于青少年来说，具备团队精神是一项基本的素质。不过，因为每个人的心理状态不一样，也会呈现出不同的团队精神。那么，你是不是一个有团队精神的人呢？

　　根据下面的情况选择"是"或者"否"。

　　(1) 如果走在你前面的人不小心掉了东西，你是否会叫他？

　　(2) 朋友们做游戏会喊你吗？

　　(3) 你是否知道自己不和别人合作会造成什么样的损失？

　　(4) 你和身边的人是不是很少发生矛盾？

　　(5) 你认为人们相互协作是一种崇高的思想道德吗？

　　(6) 你在帮助别人时非常高兴？

　　(7) 你觉得良好的人际关系对自己来说是非常重要的？

　　(8) 你觉得家长、老师的话一般都是正确的？

　　(9) 你的好朋友会经常向你征求一些事情的看法？

　　(10) 你一直都很相信你的朋友？

评分标准：

选"是"得1分，选"否"得0分。

心理分析：

　　总得分在7分以上：你是一个很具有团队精神的人，在集体中，你愿意为团队做出自己的贡献，你的伙伴们也非常喜欢和你相处。

　　总得分在4—6分之间：你还是有一点的团队精神的，可是还欠缺一点积极性，做事情的时候你也很容易半途而废，你应该注意自己在这方面的态度。

总得分在5分以下：你只愿意活在自己的世界里，自我意识太过强烈，身边也很少有朋友，不愿意付出自己的努力去解决问题，总认为自己是对的。

情 商 提 点

　　要想让一个团队的人齐心协力，就一定要有团队精神的支撑。积极地参加团体活动，对团队精神的培养，是非常有益处的。

241　身在团队，你有怎样的思维？

　　在一个团队中，虽然我们是共同在做一件事情，可是每个人的初衷都不一样，也可以说自己想要获得的东西是不一样的。正是因为这个不同，所以我们的表现也是有差异的。那么，你在团队中的想法是什么呢？

　　如果一只猴子从树上掉下来，你觉得它身体的哪个部位会先着地？

　　A.头

　　B.臀部

　　C.脚

　　D.手

心理分析：

　　A.你是绝对不会让自己吃亏的，有关自己的一点点利益，你记得都会非常清楚，是一个非常自私的人。

　　B.你是非常重感情的，只要你身边的人有需要，让你付出什么你都愿意。也因为这一点，你的人缘是非常好的。

　　C.你非常小心谨慎，不容易相信别人，虽然别人可能会觉得你有一点小气，可是这也是你个人防备心比较重的表现。

　　D.你是一个非常聪明的人，总是能够用最小的付出来获取最大的效益，可是有时候你的这种做法，往往会让朋友们觉得你有点不够实在。

情 商 提 点

在父母的娇生惯养之下，现在很多孩子都容易养成自私自利的习惯。这种坏习惯的表现有很多种，没有团队意识就是其中比较常见的一种。所以，我们必须引以为戒，否则将来走进社会，就无法和这个社会相融合！

242　团队里你是哪一种人？

要想让一个团队发挥出最大的力量，我们就必须进行一个合理的分工，找准自己在团队中的位置。这样的团队，才是真正有效率的团队。不过，想要知道自己究竟该扮演什么角色，我们就必须通过其他手段，了解自己的内心和特点。

假如你在广场上看到一个小女孩拿着一个气球，突然她的手一松，气球飞走了，你觉得接下来会发生什么？

A. 飞远了

B. 被鸟啄破

C. 挂在树枝上

D. 一个大人帮她追回了气球

心理分析：

A. 你具有丰富的想象力和创造力，总是能够想出来一些比较有新意的想法，所以在团队中你比较适合"小军师"这一职位。

B. 虽然你看上去不善言辞，可是你的心思是非常缜密的，考虑问题也很全面，你的意见对于整个团队来说是非常重要的。

C. 你的领导能力比较强，善于组织和规划各种事情，同时也能够高瞻远瞩地考虑问题，是一个非常值得信赖的人。

D. 你是一个活泼开朗的人，在团队中是一个名副其实的开心果，活跃气氛的能力非常强，可以很好地调动大家的积极性。

情 商 提 点

　　要想让自己的能力得到最大的发挥，我们就一定要认清楚自己在团队中的位置。当然，要找到适合自己的位置，首先需要我们充分地了解自己，发挥自己的优点，规避自己的缺点。同时，我们还要学会服从命令，正确地对待自己的职责。

243 对于伙伴，"真诚"二字你忘了吗？

　　有时候想要完成一件事情，我们就必须与别人合作。而要想获得最佳的合作效果，我们更要和自己的合作伙伴和谐相处。那么，你是不是一个抠门的人呢？你对伙伴是否斤斤计较？

　　（1）如果朋友送给自己一个不太喜欢的生日礼物，你会怎么做？

　　像平时一样说谢谢——到第2题

　　装作很开心的样子——到第3题

　　（2）你去看电影时如果突然停电了，你会怎么做？

　　坐着等来电再看——到第7题

　　跟别人一起嘘，要求电影院退票——到第6题

　　（3）你买东西时会不会和对方砍价？

　　很少，觉得当街讲价难为情——到第7题

　　肯定要讲，否则心里会不舒服——到第4题

　　（4）学校运动会上，如果和你实力相当的选手突然生病了，你会怎么想呢？

　　开心得要死——到第8题

　　觉得很遗憾——到第11题

　　（5）《青少年选刊》年终要给读者派大奖，你希望得到什么？

　　现金100元——到第10题

　　神秘大礼包一个——到第9题

　　（6）当你的好朋友让你帮忙看自己的宠物时，你会怎样做呢？

　　满口答应——到第10题

找个理由推脱掉——到第5题

（7）你觉得用100元买一张自己喜欢明星的签名照值不值？

值——到第10题

不值——到第11题

（8）当你在饭馆点了餐，可是送餐的却给你送错了，你会怎么做？

还是将就着吃吧——到第11题

强烈要求换一碗——到第12题

（9）有一个不太熟悉的朋友请你吃饭，你会觉得：

必然有重要事情求你——到第14题

他得到了不义之财——到第13题

（10）如果你在逛街时撞坏了一个花瓶，你会：

推卸责任——到第15题

照价赔偿——到第9题

（11）你跟好朋友一起去逛街，你们同时看上了一个包包，你会怎么办呢？

自己不买了，将这款包包让给朋友——到第12题

两个人一起买，觉得这样显得亲热——到第15题

（12）朋友让你帮忙买东西时得到了一个马克杯，你会怎样处理这件赠品呢？

隐瞒不报，将赠品据为己有——到第17题

将赠品老老实实地交给朋友——到第16题

（13）当你知道自己家附近的商场要进行打折活动时，你会怎么做呢？

觉得机会难得，马上疯狂大采购——A型

认为便宜无好货，一样都不买——B型

（14）你是怎样应对失眠的？

听音乐培养睡意——B型

打电话给朋友——C型

（15）在外面吃完饭结账时，你发现人家多找了50元钱给你，你会怎么办呢？

马上闪人，很久都不会去了——到第14题

觉得很过意不去，马上退给人家——到第16题

（16）你会不会把别人送给自己的东西送给别人？

从未试过——C型

有过一次以上——D型

（17）朋友请你免费K歌，你的心情如何呢？

觉得不好意思——到第16题

格外开心，尽情唱——D型

A.你对身边的人缺乏信任。对你来说，别人休想从你身上获取一点利益，你更不会为别人的利益而牺牲自己的利益。

B.你表面上看非常大方，其实非常抠门，很少交知心朋友，这导致你身边有很多朋友，可是很难有可以帮助你的。

C.你对人非常真诚，不会太计较钱财，跟朋友一起外出要么实行AA制，要么全程买单。你非常反感别人从你身上获取利益。

D.你交朋友有时候只是为了方便，也许只是为了从对方身上获取一些利益，由此可以看出，你不是一个真诚的人。

要想别人真诚地对待我们，我们首先要诚信待人，对待团队中的伙伴，我们尤其需要如此，而且，我们还要充分地信任别人。

对于青少年来说，平时的生活很少脱离团队，就比如说在学校时，我们和自己班里的同学就是一个小团队，如果我们总想着从自己的同学身上得到点什么利益，那么，最终会让身边的同学远离自己，你又怎么可能会在班级中有一个好的发展呢？

244 哪种人最器重你？

不管是和别人一起去完成一件事情，还是自己单独去做一件事情，我们都需要扬长避短，这样才能够获得最佳的效果。那么，如果需要和别人合作，你和什么样的人在一起才能碰撞出默契的火花，才会让人家感到你很优秀呢？让我们通过潜意识里的虚构情景进行测试吧。

如果在世纪末日，你只能选择救一种动物，你会选择什么？

A.兔

B.羊

C.鹿

D.马

心理分析：

A.虽然你表面上看上去冰冷，其实你内心是一个非常热情的人，只有真正了解你这一点的人，才能和你在一起做事情。

B.你是一个非常忠厚老实的人，待人真诚，从来都不会欺骗朋友。你最佳的合作伙伴，也是那些能够发现你这方面优点的人。

C.你是一个十分注重人际关系的人，对于你来说，你比较喜欢那些懂礼貌的人。

D.你豪放洒脱，不喜欢受约束，因此你不会和那些比较刻板的人呆在一起的，你需要能够陪你一起玩笑的人。

情 商 提 点

在人际交往中，那些真正欣赏自己、了解自己的人才能够成为自己的好朋友。我们想要了解自己最会受到什么人的欣赏，并不是为了要投其所好，其实也是要真正地了解自己。只有充分地了解自己身上的特点，才能够扬长避短，争取在团队中发挥自己最好的一面。

245 合群还是格格不入？

要想融入一个团队中，有时候需要我们做出一些牺牲。那么，你是不是一个可以做出牺牲的人？你在团队中容易合群吗？

有一天你和朋友一起去艺术馆参观，进门后有好几个方向，你会从哪里开始参观呢？

A.进门后向右参观

B.进门后直行

C.进门后向左参观

心理分析：

A.你非常低调，能妥善处理个人的不平与不满。不违反大众认可的意见，能自然地融入其中。总之，有时你的态度有点消极，你需要在这方面调整一下。

B.你的性格比较开朗，往往能够直截了当地表达欲望。可是有时你非常没有计划，往往抱着走一步算一步的信条，对事情的过程并不在乎。总之，你是个乐天知命者，对细节非常不在意。

C.你非常不合群，说好听点是"有个性"，但实际上并不是这样。你心中充满反叛情绪，但正因为如此，有时你有点太过于敏感，也可以说是一种懦弱。概括地说，你的本质是讨厌与他人为伍，不喜欢跟别人在一起，但是，你成不了能够开辟新天地的人。

情 商 提 点

要想更好地融入一个团队中，我们一定要搞好团队中的人际关系。在团队中是非常讲究成员之间配合的，如果两个有矛盾的人在一起，团队的整体进程理所当然就会受到影响。

对于青少年来说，我们在团队中一定要克制自己的情绪，不要因为一些小事就任性起来。我们要时刻提醒自己，只有齐心协力，和自己的伙伴搞好关系，我们的团队才能向前发展。

(246) 你能为团队作出准确的判断吗？

机会往往是稍纵即逝的，在机会来临时，我们必须当机立断作决定。在团队中，你是不是一个有决断力的人呢？现在，让我们开始一段虚构的生活，这样会让你洞悉自己决断力的高低。

有一天你妈妈给了你1000元钱，你想去买一件很需要的大衣，可是钱不够。如果你买运动鞋的话，又剩了一些钱。你会怎么做？

A.自己添些钱把大衣买回来

B.买运动鞋再去买些其他小东西

C.什么都不买先存起来

心理分析：

A.你是一个很有决断力的人，虽然有时会有点三心二意，可是在紧要关头你总是能够保证作出正确的决定，而且一般决定了就不会后悔。

B.你是一个缺乏主见的人，总是想要别人给你提供一些意见，你自己很少作决定，这其实是因为你性格上的自卑造成的。

C.你非常喜欢依赖人，几乎所有事情都需要让别人帮助你解决。

情商提点

很多时候，优柔寡断是最容易把事情办坏的。在我们犹豫时，也许一个最佳时机已经离开了我们。因此，无论是做什么事情，当机立断既是一种魄力，也是一种达到成功的必备素质。所以，我们就应该锻炼自己的独立性，在家里敢于发表自己的意见，在学校勇于进行讨论，这样我们的这个方面才能得到提高。

247 态度决定了你的团队位置

不管是做什么事情，我们都需要端正态度；否则，即使非常难得的机会，也会因为你态度的问题而前功尽弃。那么，你是否有一个端正的态度呢？让我们用一段生活的模拟场景来测试吧。

朋友邀你一起出去钓鱼，你比较想去哪里？

A.海岸边

B.山谷的小溪

C.坐船出海去

D.人工鱼池

 心理分析：

A.你有着独特的眼光，非常聪明，讲究用最小的投入获取最多的收获。

B.你有着非常丰富的想象力，非常擅长分析和提出解决方法，做一件事情之前都会给自己制订详细的计划，总是会站在长远的角度来考虑问题。

C.你做事十分有干劲，越是在挫折面前，越是充满力量。可是有时你缺乏计划性，总是在盲目中做事情，这让你难免遭遇失败。

D.你是一个非常自信的人，而且很会推销自己。可是有时候难免会太看重自己，从而导致身边人的嫉妒。

　　无论做什么事情，没有一个好的态度，一切都是枉然。在团队里，不要总是觉得还有很多人，自己就可以偷工减料，做一名南郭先生。也许一时没有人发现你的偷懒，但久而久之，所有人都将识别你的真面目时，就会将你扫地出门。

248 权力，你向往吗？

　　在团队行动中，每个人都会想站在领导的位置。那么，你是否是一个心中有强烈权力欲望的人呢？如果，你现在正在逃跑，只能带一样东西，你会选择带什么？

A.十字钩

B.短刀

C.现金100万

D.磁铁

心理分析：

　　A.你是个善于制订计划的孩子，你很会判断情况，这是你得到器重的原因。但是值得注意的是：你应把计划和可执行性完美地结合在一起。

　　B.你的反抗心很重，但不是盲目地反抗权力。只要能和你很好地沟通，你会是个很温和的人。

　　C.你是个醉心于权力的孩子，虽有顺从权力的倾向，但判断力相当好，随时处在优势；即使情况不好，也不会自毁立场，把自己逼入死胡同。

　　D.有人帮助你时，就可以充分发挥自己的能力。但在权力下，却反而不能施展实力，也没有反抗的热情。值得注意的是：如果这样久而久之，你的才华容易被埋没。

情 商 提 点

当心中有成为领导者欲望，也并不见得就是一件坏事情，我们可以把这种欲望转化成为自己的动力，督促自己前进，不断提升自己的实力，迟早有一天，你会成为一名领导者！

249 危险面前看看你的团队领导力

在危险面前，我们最容易展现出自己的真实状态。那么，面对危险时，你会怎么做呢？让我们通过这样一个生活场景测试，看看你在危险之中，是否还具有团队领导力。

坐飞机时，你通常最注重的是什么？

A.空中小姐的素质和服务态度

B.飞机餐饮品的质量和种类

C.各种语言都可以通用

D.视听娱乐设备先进

心理分析：

A.你有着敏锐的判断力，所以能够掌控所有的消息。当别人都慌成一团时，你却能够泰然处之，那是因为你已经做好了一切准备。所以，你很有团队领导力。

B.你的处事原则是人不犯我，我不犯人。因为先天环境给你足够的安全感，所以你少有受到磨砺的机会，只有在多经历了几次之后，你也会慢慢培养出一点危机意识。也正因为如此，你无法去领导其他人。

C.你是一个非常聪明的人，遇到危险时会利用自己的聪明机智轻松化解。

D.你面对危机时非常镇静，因为可以先用自己之前打下的基础来撑一段日子。等到你想好应对的方法，问题也就自然而然地解决了。但你并不适合去做一个领导，因为你的方法只能适用于自己。

情 商 提 点

　　什么事情都不是一帆风顺的，总想要提高自己处理危险情况的能力，除了平时就要树立强烈的危机意识之外，我们还要注重心理素质的培养，比如说遇到突发情况不能够慌张，在危险面前要学会观察和判断，等等。当我们具备这些素质之后，一旦团队出现危险，那么我们就能站出来成为领导！

EQ

超强的情绪感染力

　　情绪是会传染的。在说服别人的时候，我们通常习惯营造一种氛围来影响他人。要想达到一个好的效果，缺乏情绪感染力显然是不行的。对于你来说，你的情绪足以感染到别人吗？你又容易受到别人情绪的影响吗？

第12章

250 别人的情绪能否干扰到你？

很多时候，我们的情绪是很难掌控的。暂且不说你的情绪能不能感染到别人，你自身容易受到别人情绪的影响吗？经过下面的这个测试，你也许能够找到答案。

当你到医院做体验，如果医生对你说"你营养有点失调，注意饮食"时，你会如何做出反应？

A.今后注意每天的膳食

B.服用维生素之类的补药

C.认为医生误诊，会去别的医院再看一下

D.完全不放在心上

心理分析：

A.你是一个非常乐观的人，就算是出现了再大的危机，你也对自己充满了信心，丝毫不受消极情绪的影响。

B.你的情绪有时会很容易受到影响，别人随口说出的话就可能会导致你内心的不安，你需要适时对自己的情绪进行调节。

C.你的情绪非常容易受到别人影响，因为你实在太紧张。不妨学着让自己放松下来，其实生活还是很美好的。

D.你完全是一个无忧无虑的人，什么样的事情都影响不到你的情绪。

情商提点

那些有很强情绪感染力的人，往往也是比较容易受别人的影响。其实，不管面对别人说什么样的话，我们一定要有一个自己的判断，对于那些比较好的意见，我们可以积极地听取；对于那些自己也不太确定的东西，我们可以经过慎重的分析之后再作判断。

251 你是否拥有一颗愿意分享的心？

当你自己拥有快乐时，让更多的人来共同分享，你就会得到越来越多的快乐。这就是感染力的魅力。那么，你是不是一个懂得分享的人呢？

(1) 如果让你从着火的屋子里带走一样东西，你会带走什么？

A. 以前的书信

B. 很重要的证件

C. 保险箱的钥匙

D. 相册

(2) 朋友们在一起交谈，你一般情况下会怎么插话？

A. 在一边听他们的谈话，时不时插几句进去

B. 只有问到自己时才回答一下

C. 故意抖一些自己的糗事或缺点给大家

D. 很积极地和其他人谈话，把最好的朋友冷落在一边

(3) 朋友把借你的书弄坏了，你会怎么做呢？

A. 虽然没有说，但还是有点不高兴

B. 开玩笑似的责备对方

C. 明确要求对方赔偿

D. 即使对方赔了新的，仍然觉得心里有个疙瘩

(4) 你刚进超市就看到了一个非常想要的东西，不过要带着逛完整个超市就太重了，你会怎么做呢？

A. 先放回货架，最后付款时再拿

B. 付款的时候再拿，不过要把它摆在货架最里面

C. 一不做二不休，气喘吁吁带着它到处逛

D. 先付款，买了拿出去存好再说

(5) 如果只能选一样的话，你会带下面的哪个东西？

A. 钱包

B. 钥匙

C. 手机

D. 手帕

(6) 如果让你来选择同学聚会的餐厅，你会选择哪里？

A.自助餐厅

B.火锅或者麻辣烫之类

C.普通的中式餐厅，大家吃一个盘子里的菜

D.每人都吃自己一份的西餐

得分表

选项得分 ＼ 题号	(1)	(2)	(3)	(4)	(5)	(6)
A项得分	1	3	3	1	4	3
B项得分	4	1	2	2	3	1
C项得分	5	4	4	4	1	2
D项得分	2	5	5	5	2	5

 **心理分析：**

总得分在22—30分之间：

你有着非常强烈的占有欲，认定是自己的东西决不允许别人分一杯羹。不管什么东西，你都希望自己能够独一无二地拥有。

总得分在15—21分之间：

虽然从表面看上去你非常大度，但年深日久的朋友才知道你内心深处很不愿意和人分享自己的东西。所以很多情况下，你都会避免借给别人东西。

总得分在8分以下：

你是一个很喜欢分享的人，能够控制自己的欲望。就人际关系来说，你是个令人愉快的朋友。同样你也不会介意朋友借用自己的东西，只要能够好好地归还给你就可以了。

情 商 提 点

对于那些不愿意分享的人来说，他们自然没有很强的情绪感染力。所以，当我们意识到独占的欲望非常强烈时，就应该及时调节。我们可以这样提醒自己：太关注自我不仅不利于自己人际关系的建立，而且对自己的长远发展也是非常不利的。此外，我们还可以多参加一些班级或者朋友的聚会，从具体的实践中了解分享的重要性，这样才能提升情商。

252 别让你的坏情绪感染所有人

　　要想让自己的人际关系能够良性发展，除了需要高效的沟通之外，同时还要注意不要让坏情绪渗感染给他人。你做到这一点了吗？

　　当别人不小心错怪你时，你会：

　　A. 很快就忘了

　　B. 以后不会再搭理他

　　C. 铭记在心，找机会报仇

　　D. 从此对这人有了防备心

心理分析：

　　A. 你忘事情是非常快的。事实上，在这种忘性的影响下，你很快就会不再因此而苦恼。

　　B. 你内心的防备意识是非常重的。像你这种敌对意识高涨、心胸狭窄的人，是最容易得罪人的。因为你随时都做好了和别人对抗的准备，所以一旦碰到类似事件，你就会紧张地发动攻势。

　　C. 你内心其实是有点自卑的，一旦有人不尊重你或不小心得罪了你，你就会铭记在心，哪怕只是一件非常小的事情。你这种性格，会导致别人也对你产生敌意。

　　D. 虽然你不会记恨太久，也不是一天到晚想着这件事的人，但是你的潜意识曾经受过伤害。为保护自己，再见对方时，你会呈现出一种防备状态，避免第二次受伤。长此以往，你就变得不太容易信任别人，并影响他人对你的看法。

情 商 提 点

　　一个拥有好情绪的人，可以利用它来为自己的人际关系加分；而一个拥有坏情绪的人，却只会让它把自己的人际关系弄得越来越糟糕。当然，情绪并非是不能改变，我们只要运用合适的方式对其进行调节，能够自己学会克制，时间久了，坏情绪自然也就会远离自己了。

253 情绪感染力，你真的能看清吗？

在日常生活中，你能够看清你自己吗，知道自己的感染力吗？当被问到这个问题时，肯定会有很多人语塞。这个问题确实很难回答，要想看清楚我们自身的情绪感染力，不妨来做这样一个神奇的测试。

拿出一张纸，然后闭上眼睛，停止思考，就在这张白纸上胡画。当你睁开眼睛时，你看到了什么？

A.像心的形状

B.有点像小人的形状

C.螺旋状的圆形物

D.不断重叠的圆形物

E.长方形

F.近似圆的形状

G.一些细长的线条

心理分析：

A.你是有点神经质，个性柔和，有时会非常感性，所以你很容易受到伤害。因为你不想让自己的人际关系过于复杂，有时难免会撒一些小谎。

B.你是一个领导者，既沉静又诚实，很少会受到别人的影响，你很会掌握自己的情绪，所以有很多人信赖你。

C.你是一个比较理智的人，从来不会被感情左右，心情也不会因感情而混乱，所以你是一个受家人及亲朋好友信赖的人。你温文尔雅，为人谦虚，而且懂得礼让，绝对不会对别人有非常过分的要求。不管遇到什么事情，你能够克制自己冷静地解决。

D.你从来不打无准备之仗，是一个非常有活力的人，对人生充满了憧憬与希望。同时你还有着永不服输的精神，而且对任何事都想按照自己的计划和想法来实施。尽管生活中出现了一些挫折，你也总是能够从容面对。

E.你是一个非常有才华的人，可是你一点都不骄傲，这是你的长处。你有很强的自尊心，对自己很自信，虽然很喜欢别人称赞自己，但有时你也会隐藏自己的愿望，不轻易表现出来。

F.你是一个比较朴实的人，不会被外界表面华丽的东西吸引，重视内心潜在的力量。对于你来说，内在美往往要比外在美重要得多。

G.你的自尊心非常强，总是不断地追求完美，不能接受你自己和周围环境中有任何你无法容忍的瑕疵。因为你的这种心理，往往会让你身边的人觉得你无法亲近。

情 商 提 点

俗话说：当局者迷，旁观者清。有时候，我们非常容易看出别人身上的一些情绪特点，可是很难说出自身的那些特点。了解自己的情绪缺点其实并不是一件坏事情，因为我们可以规避自己的这种情绪，让所有人被你的积极一面所感染。

254 你在朋友圈中是什么地位？

每个人身边都围绕着很多朋友，每个人都渴望能够通过情绪感染朋友。但是，并不是每个人都是自己朋友圈的中心，也许其他人并不看重你。想知道你在朋友圈中的地位吗？就来做一下以下的心理测试吧。假设，你的朋友要搬新家了，你会送他什么？

A.装饰柜

B.西餐餐具

C.伞架

D.枕头

心理分析：

A.你在朋友圈中可以说是位居领导地位的，朋友们有什么事情都喜欢征求你的意见，而且你的朋友会对你的决断抱有很大期望，所以你的感染力极强。

B.你是一个非常聪明的人，经常有一些非常有谋略的想法。在朋友有困难时你也总是能够挺身而出，因此大家都很信赖你。

C.在朋友圈中，你非常擅长调节气氛，可以说是大家的开心果。

D.你性情温和，是个善解人意的温柔种子。当有朋友消沉时，你总是能够给予朋友最强有力的支持，帮助其重新散发生机。

情 商 提 点

　　如果你是一个很有领导力的人，除了要经常帮助朋友出谋划策之外，也应该多听取一下朋友的意见；如果你是一个活泼好动的人，在面对一些情绪不太好的朋友时，我们也许需要暂时安静一会儿。我们之所以要注意这些，就因为如果没有把握好尺度，优点很有可能也会变成缺点，原本正面的感染力出现了负面效果。

255
面对陌生人，你的感染力能否散发？

如果你和一个陌生人初次相见，你会如何表现自己，如何散发自己的情绪感染力？

当和一个不相识的人初次见面，你最反感的是：

A.表现得很羞怯，给人一种疏离感

B.主动靠近你，拍你的肩膀，跟你称兄道弟

C.抢着讲话，完全把你当成一个听众一样

D.不停地问你个人的问题，像身家调查一样

心理分析：

　　A.你看上去非常平静，其实内心是有企图心的。你认为自己有很高的人际魅力，但这只是你的个人期待，当有人不能满足你的这种期待心理时，你就会表现出反感，结果不能让情绪感染力散发。

　　B.你的戒备心非常强，对于陌生人会不自觉地想要保持距离，这其实也是因为你不够自信的缘故。当你对一个人表现出反感时，你就会表现得非常疏离别人，导致双方产生了一种隔阂。

　　C.你在人际交往中处在一个比较被动的状态。你不是一个喜欢倾听的人，十分在意自己有没有受到平等的待遇。那些喜欢油腔滑调的人，是不能让你产生信任的。

D.你有点太过内向，非常看重个人的隐私，一旦遇到别人的侵犯，你就会给予很激烈的还击。其实，你大可以试着敞开自己的胸怀，学着去接受别人。

情 商 提 点

青少年对陌生人有诸多疑问与猜测。其实，跟陌生人相处根本不用像防火防盗那么紧张，只要学会"听其言，观其行"，不要偏听偏信，就能把握好与陌生人之间的尺寸。

256 得罪人的事，你会经常做吗？

生活中，我们难免会有得罪人的时候。事实上，得罪人并不可怕，可怕的是认识不到错误，将自己不良的情绪带给了他人。假设，有一天你抱着朋友送你的玻璃礼品回家，可在公交车上让人不小心碰碎了，而这个人竟然是你以前的一位关系很好的同学。这时你会？

A.管他是谁，大骂一顿

B.自认倒霉，什么也没说

C.要求对方照价赔偿

D.很大度地安慰对方这没有什么

心理分析：

A.你觉得没有永远的朋友，朋友关系的建立只是因为利益的牵制。在你的观念中，你心爱的东西会比朋友重要。所以，因为你的自私，所以经常会得罪人。

B.你不仅不常得罪人，反倒会为了成全别人而委屈自己。也许是为了搞好自己的人际关系，可这种状态会给你带来很大的心理压力和精神负担，让你变得更加没有信心，更让别人看不起你。

C.你认为朋友之间都是平等的，没有谁高谁低，所以你的态度是非常客观的。你这样的处理方式多数人可以接受，但遇到一些自我意识较强烈的人，他们也许会认为你这个人太死板，不知不觉中就得罪了他们。

D. 你非常尊重身边的朋友，让对方感受到自己是一个很受重视的人。因此，他们也会以更加真诚的态度来对待你，所以你的人际关系一直都很好。

　　容易得罪人，这是青少年在学习和生活中的烦恼之一。其实，之所以爱得罪人，除了个人自私自利，爱占小便宜之外，就是因为自己说话、做事的方式不对。

　　要想改善这些，我们就要改变自己以利益衡量友谊的观点，在平时的说话中，要注意用平等的语气，不要动不动就发火，要改掉盛气凌人的坏毛病。而做事时，要多为对方考虑，同时要学会变通，不要太死板、固执，不要因为自己的情绪不好，搅得所有人的情绪都扭曲了起来。

257　你的情绪感染力是否优秀？

如果有一天你做梦身上有了一个"疤"，你觉得会在哪里？
A. 胸部
B. 脸上
C. 背部
D. 腿上

 心理分析：

　　A. 你是一个非常勤奋的人，可是你的情感是非常脆弱的，情绪感染力较低。如果有朋友背叛你的话，你就很难承受这种打击。

　　B. 一旦你给自己树立了一个目标之后，那么你就会努力坚持到最后，这会给所有人带来极大的信心。因此你也具有一定的情绪感染力。

　　C. 你是一个非常热情非常具有感染力的人，无论在什么时候，身边的人都可以感受到你身上的那种活力。

　　D. 你的情绪起伏很大，时而高兴，时而忧愁，有时还会丧失理智，以至于所有人都对你有些无语。

做一个具有情绪感染力的人，才有成为领导者的希望。

258 让你的冒险精神感染所有人

青少年时期是我们拥有强烈好奇心的时期，当你突发奇想决定去做一件事情时，你的那种冲劲能不能带动你身边的人？

例如，当你独身去旅行时，如果不考虑经济因素，你会选择下面哪个地方住宿？

A.豪华的大饭店

B.景区的普通小旅馆

C.都市中的普通旅馆

D.乡村旅馆

 心理分析：

A.你是一个非常懒惰的人，不喜欢去干任何冒险的事情。一般情况下，你喜欢比较简单的生活，而且也很容易满足。

B.你的心里有一点冒险的想法，但也只是想想而已，如果让你付出行动的话，你还没有足够的勇气。

C.你是一个很有勇气的人，视冒险为一种磨砺，喜欢尝试陌生的东西，对于刺激的事物有强烈的征服欲望。

D.对于你来说，只要有机会，你是很愿意去冒险的。可是你还是比较理性的，只在做好准备后才会出发，而且太危险的行为你也不会尝试。

情 商 提 点

青少年的想象力是非常丰富的，经常会冒出一些奇奇怪怪的想法，可是他们表现出的那种热情能否感染到身边的人，这主要取决于他们的情绪感染力了。超强的情绪感染力不仅能够激起我们的积极性，而且还容易产生一些好的想法和创意。因此，我们要推动积极的情绪，来感染所有人一起努力！

259 在朋友眼里你的个性是怎样的？

　　一个真正的朋友，往往能够容忍我们缺点。因此，有时候我们询问朋友自己的缺点时，难免会听到一些善意的谎言。可是，总是听到谎言，我们又怎么可能发散自己的情绪感染力呢？所以，我们必须看看在朋友眼中，真实的自己是什么样的。

　　假如医学家发表声明说现在可以治愈一种新的癌症，你觉得应该是什么？

　　A.食道癌

　　B.骨癌

　　C.肺癌

　　D.胃癌

心理分析：

　　A.你在朋友圈中是一个非常受尊重的人，不但因为你学识渊博，更因为你待人和善，总是会站在别人的角度考虑问题。所以当别人有难的时候，都会第一个想到你。

　　B.你比较洒脱随和，大家都喜欢和你在一起，没事时，随便谈谈心就是一种很好的享受。但如果有事情找你帮忙，也许你会在这方面欠缺能力。

　　C.你的朋友们都很敬畏你，因为你有一股说不出的威严，即使你没有特别大声说话或是生气。可是只要是靠近你，就能感受到让人无法靠近的气势。

　　D.你不喜欢分享，了解你的人不多，只有和你非常熟悉的人才知道你是"面恶心善"，有时做了好事也不会说出来。所以你的朋友都是在和你长时间接触之后才开始喜欢你的。

情商提点

　　每个人的身上都有自己的性格特点，当我们了解了自己的朋友是否喜欢这些特点之后，才能正确发挥出情绪感染力。例如，如果你是一个不太喜欢分享的人，就应该多尝试着和自己的亲密朋友一起分享一些自己的心情和事情；如果你是一个非常威严的人，不如多学着让自己柔和起来，相信朋友一定更愿意和一个亲近的你交往。

260 你能感染整个团队的情绪吗?

　　一个团队,要有一个不可或缺的指挥者,他可以保证前进的方向不发生偏差。这和他的情绪感染力有着直接的关系。那么,对于青少年来说,在参加集体活动时,你是否适合做一个具有感召力的指挥者呢?这个答案,其实正藏在生活的细节之中。

　　例如,有一次,你遇到了很久没联系的老同学,你们在交谈时,你最害怕对方说什么?

　　A.说当时两个人的关系是多么好

　　B.当时是因为什么原因没有再联系

　　C.两人彼此印象比较深刻的一次经历

心理分析:

　　A.在一个小的范围之内,比如说在你比较好的同学和朋友中间,你还是比较有领导力的,那是因为他们已经很了解你了。可是在一个比较大的范围之内,你就没有这个能力了。

　　B.你是一个非常喜欢帮助别人的人,也从来没想过要领导谁,是一个性情温和、无欲无求的人。

　　C.你是天生的领导者,做事谨慎而且非常有计划。因此,大家都喜欢找你解决问题。

情 商 提 点

　　要想成为一名合格的指挥者,不管是在学校还是在家里,我们都要搞好自己的人际关系,而且我们同样需要一种超强的情绪感染力。因为只有这样,我们才能够激发起整个团队的斗志,将所有成员紧紧团结在一起。

261 你的忧心忡忡是否给他人造成了影响

　　有时候，我们担心一些事情是非常必要的，可是过分地担心某些不必要的事情，就有点杞人忧天了，只能给自己徒增烦恼，更给身边的人带来不必要的影响。

　　那么，你是一个容易杞人忧天的人吗？让我们通过另类的测试，找到内心的真实：一头乳牛正从牛舍里出来吃草，你觉得它会去哪里吃东西？

　　A.山脚下

　　B.大树下

　　C.河流旁

　　D.农舍栅栏旁

心理分析：

　　A.你的危机意识是非常强的，甚至有点杞人忧天。如果你总是这样的心理状态，那么永远也就不会开心了。而你的身边，同样也聚集了这样一些人。

　　B.你是一个非常乐观开朗的人，一天到晚无忧无虑，即使是有危机出现，你相信也一定能够得到解决。

　　C.你的危机意识是需要别人提醒的，可是没过多长时间，你就会又忘了危机这一回事，结果导致所有人都忧心忡忡。

　　D.你的危机意识非常重，而且还会影响到身边的人，不过很多时候你也是心理紧张而已。

情商提点

　　适度的戒备心和危机意识可以让我们未雨绸缪，做好应对一切突发情况的准备，而过度的戒备心显然就有点杞人忧天了，甚至还会导致周围的人都过于忧心忡忡。相反，一个相对比较积极的人，就算生活中有再多的不幸，他也总能够找出一些让自己快乐的事情，并影响周围的人一起乐观起来面对生活，共同进步。因此，让我们带着积极的情绪来面对生活吧。

262 假设一下，你来到了"世外桃源"

你了解你身边的朋友吗？你的什么魅力吸引到了他们？现在，让我们通过测试，得出最精准的答案。

如果你是《桃花源记》中的渔人，当你来到世外桃源的时候，你第一眼会注意到什么？

A. 在河边洗衣的少女

B. 在家门口嬉戏的小孩

C. 正在交换物品的人群

D. 和蔼慈祥的老人

心理分析：

A. 你在找朋友时非常有原则。当你感觉自己非常欣赏一个人时，你就会主动接近对方，和对方成为好朋友。可是如果你感觉和自己和不来的人，估计你连看都不会看。

B. 你是一个性格孤僻的人，平时不太注重交朋友这件事情。你既不喜欢干涉别人的事情，也不希望他人介入自己的生活，久而久之，你就关上了自己的心门，不愿意再与别人交流了。

C. 你非常喜欢交朋友，一直在努力使自己成为一个交友广阔的人。你觉得不同的朋友可以为自己带来不同的视野和生命的契机，可是有时你也需要提高警惕性，防止被那些所谓的"朋友"所利用。

D. 你在交朋友时从来都不强求，如果遇到适合自己的，顺其自然的也就会变成朋友了，这就是你的交友原则，凡事讲究自然。

情商提点

俗话说：近朱者赤，近墨者黑。青少年交友要有原则性，否则很可能会因为交到损友而影响自己的学习和生活。那么，该怎样树立自己的交友原则呢？

第一，跟那些行为端正的人交朋友，这样不容易被人带坏。

第二，要注意双方能相互学习和帮助，共同进步的朋友才是最佳的朋友。

第三，对"志不同道不合"的人，坚决说"NO"。

263 自我推销能力——感染他人的基础

在竞争异常激烈的当今社会，对于青少年来说，需要从小培养自己的竞争意识，学会推销自我。但是，自我推销的能力不是每个人都有的。通过这样一个场景模拟，我们就能看清自己是否具有这种能力：

假如你是一个非常有名的间谍，在执行一次任务时，只能带一台电脑，你会选择哪一个？

A.外形时尚的电脑

B.耐用型电脑，不仅基本功能强大而且很耐用

C.专业诉求功能电脑，里面包含有所有行业的知识

D.无线轻型电脑，随时都可以上网

心理分析：

A.你是一个非常有才华的人，是金子，在哪儿都能够发光，其实你根本不用刻意地去推销自己，因为有太多人愿意围在你的身边。

B.你是会善于发现机遇的人，只要遇到适合的伯乐，你就会把自己推销出去。

C.你推销自己的能力一般，老实谦虚的你只会默默努力，从来没有想过通过个人魅力来感染所有人。

D.你拥有非常棒的口才，这很容易得到他人的赏识，可是要想获取长久的发展，必须要有真才实学。

情 商 提 点

在竞争如此激烈的社会，想要坐享其成是不可能的，要想有一番成就，我们必须学会自我推销，而推销成功的关键就是通过你情绪的表现来感染到对方，让对方对你有好感。

有些青少年都比较害羞，在课堂上不善于主动发言，在课下不喜欢主动与人沟通，这都是不擅长于自我推销的表现。

别人是不是都喜欢你?

每个人都希望自己是一个人见人爱的人,因为这样的人不仅有个好人缘,还可以将自己的积极一面感染给所有人。那么,你是不是一个这样的人呢?

假设一位老人面前有个年轻人,手中正拿着一个盘子,你觉得里面装的是什么?

A.一把蔬菜

B.一块肉

C.几朵花

D.几个桃子

心理分析:

A.你性情温和,非常善良,而且乐于助人,身边的人都特别喜欢和你相处,所以你的感染力比较强。

B.你是活泼开朗的人,善于发现生活中美好的一面的,可是有时候过于乐观,反而容易在危机面前惊慌失措,这也会给他人带来一定紧张。

C.你非常豪爽,只做自己想做的事,不关心其他,个性独立而意志坚强。因为你的冷漠,身边的人难免会认为你是一个喜欢以自我为中心的人。

D.你很喜欢讨好别人,知识丰富,想法周密,个性开朗且具幽默感,还是很受身边人欢迎的。可是一定要避免因为过度奉承而失去自我。

有的人之所以会受欢迎,是因为身上有着吸引别人的优良品质。了解自己是不是一个人见人爱的人,不仅是看我们是否受欢迎,而且还要看看我们身上有哪些比较吸引人的品质。

265 你的情绪状态此刻怎么样？

　　无论是在说服别人还是在说服自己时，我们经常需要反省，在不断的自我审视之中，才能够不断进步。那么，你是否经常反省自己？是否觉得自己还没有超强的情绪感染力？

　　让我们来做这样一个测试：如果你是一个非常美丽的白色蝴蝶，你最想让自己停在哪个颜色的花朵上面？

　　A.黑色

　　B.紫色

　　C.粉红色

　　D.红色

　　E.蓝色

　　F.黄色

　　G.白色

心理分析：

　　A.你现在的情绪状况有点差，态度有点消极。这样，你会很容易也让身边的人的情绪落下来。

　　B.你是一个有着旺盛精力的人，好奇心非常重，内心有很强的冒险意识，很容易受到他人情绪的影响。

　　C.你充满朝气，十分开朗活泼，是身边人的开心果，有着很强的情绪感染力。

　　D.你的自我意识非常强烈，不喜欢听取别人的意见，当别人意见和自己相左时，就开始想着怎么去改变别人了。

　　E.你是一个做事情十分谨慎的人，同时不愿意向别人倾诉，喜欢隐藏自己的心事，更别说是影响别人了。

　　F.你是一个非常理性的人，在说服人时也不会表现得太过情绪化，可是有时也会发脾气，不能全面地考虑问题。

　　G.你的胆子非常小，缺乏创新意识。

当看待同一件事物时，不同的心情，看到的景象也是不同的；不同的心情，你所喜欢的颜色也在发生着变化，这就是情绪的作用。对于那些情绪感染力比较强的同学来说，他们还会影响到自己身边的人。

虽然说我们没有办法左右自己的情绪，可是对于那些不好的情绪我们可以及时地进行调节。比如说当心情不好时，我们可以向自己的好朋友诉说一下，或者是到大自然中放松一下心情，很快就能够把我们的情绪调节过来。

266 哪种室外活动是你最喜欢的？

每逢星期天或者放假时，我们可以和同学们一起进行一些室外活动，既锻炼了身体，又可以将自己的情绪尽情传递给同学。那么，如果有朋友约你去玩，你比较喜欢下面哪项活动？

A. 打网球

B. 看电影

C. 去游乐园

心理分析：

A. 你是一个喜欢人际交往的人，总希望生活在人群中，喜欢和朋友去分享一些事情，这让人感受到了你的乐观。

B. 你并不喜欢人际交往活动，希望能逃避现实，待在自己的世界里。久而久之，你会将一种悲观的情绪传递给同学。

C. 你是一个追求自由的人，所以你不希望繁杂的人际关系束缚到你。因此，很多人似乎都感受不到你的情绪感染力。

情 商 提 点

对于那些比较喜欢人际交往的人来说，他们所喜欢的运动自然是那些有很多人参与的那种，因为他们希望在运动中能够扩展一下自己的人脉。其实，这是一种非常好的方式，在运动中既可以体会到运动的乐趣，又加强了自己人际关系的沟通，两者兼顾，同学们不妨多尝试一下。

267 得罪人的事你是否经常做？

没有人愿意去得罪人，都希望自己拥有良好而稳定的朋友圈。可是，我们总会在没有察觉的情况下得罪别人。快测试一下自己，是否在社交圈内扮演着得罪人的角色。

对于那些不算熟悉的人，你认为他们最爱做的事情是？

A. 感觉非常客气

B. 主动地去接近你

C. 毫无顾忌地抢你的话

D. 总是询问你一些比较私密的问题

心理分析：

A. 你喜欢有什么想法埋在心里，你很想拥有一个圆满的人际关系，并与陌生人建立起好的接触点。可是你又不想主动地去搭理别人，觉得这有伤自尊。

B. 你的防备心比较强，对于他们你总是会不自觉地想要保持距离。主要是因为你对自己缺乏信心，对于别人的信心也不够，尤其是那种不熟悉的人。

C. 你喜欢在人际交往中占有主动位置，不喜欢别人压着你，当有人这么做时，你自然而然地就会有反击的心理，而你得罪人也就是在这个时候。

D. 你是一个慢热型的人，当有人询问你太多比较私密的问题时，你就会防备起来，而且你还不太注意方式。你拒绝别人时也就是你得罪人的时候。

情 商 提 点

有的人因为平时不太关注一些细节，或是因为性格上的缺陷，非常容易在不知不觉中得罪一些人，这对人际关系的巩固是非常不利的。要想避免这种情况的出现，我们在人际交往中一定要多多注意尺度的把握，摆正自己的位置。更重要的，则是注意自己的行为尺度，不要因为太激烈的情绪，反而激怒了其他人。

268 从逛街买衣服看你的情绪感染力

买衣服时，你的主要依据什么？

A.款式

B.流行

C.颜色

D.牌子

E.价钱

心理分析：

A.你的情绪感染力较强，是一个较为成熟的人，虽然能力有点欠缺，可是你还是能够努力不懈地朝目标前进，你的努力会感染到他人，令人愿意和你一起奋斗。

B.你的情绪感染力较弱，不是一个成熟的人，心理成熟度还在萌芽阶段，当你和别人交流时，会给别人留下幼稚的印象，无论言语与行为都无法感染、带动他人。

C.你是一个比较成熟的人，可是有时也难免会意气用事，但已经可以让人感受到你的成长，因此感染力尚可。

D.你看上去每天都非常自信，身边的朋友也都是很信任你的。唯一的缺点就是你对日常生活乃至人生的态度稍嫌严肃了点，会给周围的人带来一定压力。这会影响你的感染力。

E.你的情绪感染力和你的心理成熟度一样低。很多时候你都需要去依赖别人，你擅长伪装成熟，但时间长了，别人就不会信赖你了。

情 商 提 点

一个心理比较成熟的人，无论是面对什么情况都能够很冷静地去处理，而他们的情绪也往往是积极的一面多一点。虽然青少年还没有完全步入社会，可是为了让自己以后更好地进入社会，从现在开始，就应该培养心理成熟度。